THE GERMANS BEAUTIFUL MACHINES

DEUTSCHE AUTOMOBILKLASSIKER UND IHRE DESIGNGESCHICHTE

TEXTE VON BLAKE Z. RONG
HERAUSGEGEBEN VON FRANÇOIS-LUC GIRALDEAU UND BLAKE Z. RONG

FORTSCHRITT UND TECHNIK IM SCHNELLSTEN LAND DER WELT

Deutsche Autohersteller und ihre Fahrer sind weltweit dafür bekannt, an die Grenzen des technisch Machbaren zu gehen.

Vorwort von Blake Z. Rong

Ingenieure gibt es überall auf der Welt – aber deutsche Ingenieure sind eine besondere Spezies. Sie gelten als geniale Tüftler mit Hang zur Besessenheit, kompromisslos in ihrem Streben nach Perfektion, oft ohne Rücksicht auf Kosten und tatkräftig von Politik und Wirtschaft unterstützt. Die Fahrzeuge, die sie entwickelten, stellten Geschwindigkeitsrekorde auf, gewannen zahllose Meisterschaften in allen Bereichen des Motorsports und wurden weltweit zu Ikonen. Dieser Ruf für akribisches Ingenieurwesen wurde über ein Jahrhundert hinweg gepflegt – beginnend mit dem Ursprung des Automobils selbst, dem Benz Patent-Motorwagen von 1886, dem ersten Serienauto der Geschichte.

Anfangs betrachtete noch kaum jemand die pferdelose Kutsche als etwas wirklich Umwälzendes. Erst als die Fahrzeuge von Pionieren wie Carl und Bertha Benz, August Horch und Adam Opel bei den ersten Autorennen gegeneinander antraten, begann sich etwas zu verändern. Diese technologischen Meisterleistungen faszinierten die Menschen auf beiden Seiten des Atlantiks und zeigten, welches transformative Potenzial im Automobil steckte.

In den ersten Jahrzehnten des 20. Jahrhunderts bewiesen die Autohersteller viel Kreativität, um die Aufmerksamkeit der Öffentlichkeit auf sich zu ziehen. 1909 jagte der „Blitzen Benz" über die Rennstrecke in Daytona Beach und durchbrach als erstes Auto die 200-km/h-Marke. In der Weimarer Zeit montierte Fritz von Opel Raketen an Familienautos und beflügelte damit die Fantasie eines Publikums, zu dem auch Wissenschaftler und Kreative gehörten. In den 1930er Jahren wurden die Silberpfeile von Mercedes und Auto Union zur dominierenden Kraft im Grand Prix und zur Quelle des Nationalstolzes. Rivalen wie Bernd Rosemeyer und Rudolf Caracciola holten sich Meisterschaften und Geschwindigkeitsrekorde in stromlinienförmigen Boliden mit Kompressor, die über 400 km/h erreichten. Hätte Hitler Europa 1939 nicht in den Krieg gestürzt, wären die Rekorde wohl weiterhin gepurzelt. Der sechsrädrige Mercedes-Benz T80 mit 3500 PS, entwickelt von Ferdinand Porsche, hätte theoretisch fast die doppelte Geschwindigkeit erreichen können.

Autos und ihr Design waren schon immer von Politik und Kultur beeinflusst, denn sie symbolisieren sozialen Status. Nirgendwo zeigte sich das deutlicher als im Nachkriegsdeutschland. Im Westen wie im Osten wurden Autos für die Massen entwickelt. In der BRD wurde aus dem Volkswagen Typ 1 der NS-Zeit der Käfer, während die DDR mit dem Trabant nachzog. Beide wurden zu Symbolen gegensätzlicher Ideologien. Der Käfer wurde zum Exportschlager und weltweit gebaut. Seine Allgegenwart und Langlebigkeit war ideal für die aufkommende Gegenkultur, die ihn als „Hippie-Auto" für sich reklamierte. Der technisch unterlegene Trabant war zwar hinter dem Eisernen Vorhang gefangen, überdauerte aber den Fall der Berliner Mauer. Im wiedervereinigten Deutschland galt er zunächst als Symbol einer gescheiterten Wirtschaft, entwickelte sich später jedoch zu einem nostalgischen Fahrzeug mit grenzüberschreitender Geschichte.

3.0 CSL
WGO 375R

OGT19

Trotz ihrer Unterschiede teilten Käfer und Trabant eine gemeinsame Philosophie: *form follows function*. Hier kam Kultur ins Spiel. Die Bauhaus-Bewegung der Weimarer Republik verband industrielle Gestaltung mit künstlerischer Finesse und zeigte, dass Massenproduktion auch schön und minimalistisch sein konnte. Noch heute gilt dieser Midcentury-Stil als geschmackvoller Ausdruck seiner Zeit.

Die Eleganz des Designs der Jahrhundertmitte machte auch bei den Sportwagen nicht halt. Es entstanden Ikonen wie der Mercedes-Benz 300 SL, die Porsches 356 und 911 sowie der BMW 507. Über den Importeur Max Hoffman in New York erreichten diese Fahrzeuge vor allem das zahlungskräftige amerikanische Publikum: ein aus dem Rennsport abgeleiteter Supersportwagen, zwei leichte Sportwagen und ein wunderschöner Roadster.

Als sich amerikanische Ex-Hippies in den 1980er Jahren in Yuppies verwandelten, entdeckten sie deutsche Luxusautos als neue Statussymbole. In einer sich rasant wandelnden, offen kapitalistischen Welt, in der einstmals die Straßenkreuzer von Cadillac das Maß der Dinge waren, wurden nun Mercedes-Benz-Limousinen der Oberklasse oder ein 3er BMW begehrt.

In der Welt des Motorsports war Deutschland in den 1990er und 2000er Jahren ebenfalls ganz vorne mit dabei. Michael Schumacher fuhr in der Formel 1 zu sieben Weltmeistertiteln, was seitdem nur Lewis Hamilton in den wiederbelebten Silberpfeilen von Mercedes-Benz wiederholen konnte. Hamilton und Nico Rosberg führten Mercedes-Benz zu acht Konstrukteurs- und neun Fahrer-Weltmeisterschaften in Folge – eine Leistung, die durch die schwindelerregenden Summen, die in die Formel 1 investiert wurden, umso mehr beeindruckt und die Serie beliebter machte denn je.

Ähnlich verhält es sich mit Porsche, dessen Boliden ab 1970 die 24 Stunden von Le Mans dominierten. Als Audi im Jahr 2000 seinen R8-Prototyp vorstellte, hätte kaum jemand dessen überwältigenden Erfolg vorausgesagt: Bis 2014 gewann der R8 insgesamt 13-mal. Rekorde waren dazu da, gebrochen zu werden, und für die Teams aus Stuttgart und Ingolstadt wurde genau das zur Herzensangelegenheit.

Einen nicht unerheblichen Anteil am Mythos der deutschen Automobilindustrie hat die Autobahn. Sie gilt unter Geschwindigkeitsfanatikern bis heute als Hort der Freiheit und als Maß der Dinge, wenn es darum geht, die Langstreckentauglichkeit eines Fahrzeugs unter Beweis zu stellen. Aber deutsche Hersteller verfügen auch seit Langem über eine Geheimwaffe: die Nürburgring-Nordschleife, eine anspruchsvolle Strecke, die sich durch dichte Wälder und gefährliche Kurven schlängelt. Jedes Auto, das man dort testet, wird an seine Grenzen getrieben: Reifenmischungen werden analysiert, In-Car-Videos ausgewertet, und internationale Hersteller kämpfen um Testzeiten, um die Fähigkeiten ihrer Fahrzeuge „am Ring" unter Beweis zu stellen.

Die 100 Jahre alte Strecke zieht nach wie vor ein internationales Publikum und Entwicklungsteams an. Sie alle wissen: Auch wenn der Verbrennungsmotor irgendwann dem gewaltigen Drehmoment und der Beschleunigung elektrischer Antriebe weicht, die Gier nach Geschwindigkeit wird Bestand haben – dessen sind sich auch fortschrittliche Ingenieure sicher.

„DER RUF FÜR AKRIBISCHES INGENIEURWESEN WURDE ÜBER EIN JAHRHUNDERT HINWEG GEPFLEGT – BEGINNEND MIT DEM URSPRUNG DES AUTOMOBILS SELBST."

1920er–1940er

VON DEN GOLDENEN ZWANZIGERN IN DIE TURBULENZEN DES KRIEGES

In einer Zeit der Kriegsdrohungen und fortschrittlicher Ideale war auch Raum für avantgardistische Ideen.

„Ich bin eine Kamera mit offenem Verschluss, ganz passiv, nehme auf, denke nicht“, schrieb Christopher Isherwood in *Leb wohl, Berlin,* seinen Erinnerungen an die letzten Tage der Weimarer Republik. „Eines Tages wird all das entwickelt, gedruckt und fixiert werden müssen.“ Isherwood, ein britischer Exilant, der nach Berlin gezogen war, um sich dem Hedonismus hinzugeben, fühlte sich dazu berufen, Zeuge der sich entfaltenden Geschichte zu werden. Was Isherwood beobachtete, war eine Mischung aus Optimismus und Nihilismus während einer kurzen Zeit, die als „Goldene Zwanziger“ bekannt ist und in der die Grenzen von Kunst, Architektur und Kino neu ausgelotet wurden.

Nach den Verwüstungen des Ersten Weltkriegs trafen sich die Architekten einer neuen Regierung in Weimar, etwa 300 Kilometer südlich von Berlin, um die erste Demokratie der deutschen Geschichte zu gründen. Die neue Verfassung garantierte neue Freiheiten und machte Berlin zu einem Zentrum des kulturellen, philosophischen und wissenschaftlichen Denkens. Verschiedene Kunstbewegungen entstanden, genährt vom Trauma vergangener Kriege. Der Dadaismus, der neben traditionellen Kunstformen auch Performance, Theater, Collagen und Cut-up Poetry umfasste, brach mit bisherigen Vorstellungen der Kunst und protestierte gegen den Kapitalismus und das Bürgertum. Und es entstand die Neue Sachlichkeit als kraftvolle Antwort auf avantgardistische Strömungen, die für eine neue Generation von Künstlern nicht mehr relevant waren.

Die nachhaltigste Bewegung dieser Epoche war das 1919 von Walter Gropius gegründete Bauhaus. Ihr Grundsatz war einfach, aber revolutionär: die Zusammenführung von Kunst und Handwerk. Seine Handwerker und Anhänger lernten, Gebäuden und industriell hergestellten Gegenständen die gleiche Detailverliebtheit angedeihen zu lassen wie der bildenden Kunst, ganz nach dem Motto der Schule: „Kunst und Technik – eine neue Einheit“.

Die Bauhaus-Schule entstand in einer Zeit der raschen Industrialisierung. Opel führte das erste Autofließband in Deutschland ein, während Ford mit dem Model T aus einem Berliner Werk in Deutschland Fuß fasste. Als General Motors 1929 Opel übernahm, war das Unternehmen bereits der größte Autohersteller des Landes, und GM trat mit amerikanischen Produktionsmethoden in Europa gegen Ford an. Im selben Jahr stellte BMW – zuvor bekannt für Flugzeugmotoren und Motorräder – sein erstes Automobil vor. Zwei der ältesten Automarken fusionierten zu Daimler-Benz, das durch den Unternehmer Emil Jellinek und seine Tochter Mercédès seinen bekanntesten Namen erhielt.

Die Weimarer Republik endete, als Adolf Hitler Anfang 1933 zum Reichskanzler ernannt wurde. Unter den Nazis wurde das Auto zum Symbol deutscher Überlegenheit und des Fortschritts. Die Reichsautobahn war eine technische Meisterleistung: ein modernes, standardisiertes Netz aus Fernstraßen, das unwegsames Gelände durchquerte und die deutsche Arbeiterschaft mobil machen sollte. Die Propaganda jener Zeit verglich die Autobahnen mit den großen Weltwundern – sie wurden gar mit den ägyptischen Pyramiden gleichgesetzt.

Um die Reichsautobahn nutzen zu können, wurde ein „Volkswagen“ benötigt, dessen erste Spezifikationen von Hitler selbst vorgegeben wurden. Der spätere VW-Käfer sollte über die Organisation Kraft durch Freude vertrieben werden. 1938 verkündeten die Nazis vollmundig, dass innerhalb von zehn Jahren jeder Deutsche einen

Links: Mercedes-Benz 540K. *Rechts:* Marlene Dietrich in *Der blaue Engel. Gegenüber:* Rennfahrer Charles Martin auf der AVUS, 1937.

12

Der Potsdamer Platz in Berlin war der verkehrsreichste Platz Deutschlands. 1924 wurde dort die erste Ampel Europas aufgestellt.

KdF-Wagen besitzen würde. Im späteren Wolfsburg zog man eine hochmoderne Fabrik hoch, doch das Volksauto kam nie auf den Markt. Stattdessen wurde die Produktion auf Militärfahrzeuge wie den Kübelwagen und den amphibischen Schwimmwagen umgestellt. Dasselbe geschah in anderen Autofabriken – bei Opel in Rüsselsheim oder Audi in Zwickau –, wo die Nazis die Massenproduktion für Bomber und Kampfflugzeuge vorantrieben, im Fließbandverfahren nach amerikanischem Vorbild. Der entscheidende Unterschied: In deutschen Fabriken standen zehntausende Zwangsarbeiter am Band.

Der Fortschritt im Automobilbau jener Zeit wurde durch die Jagd nach Geschwindigkeitsrekorden befeuert. Der erste Opel RAK-Raketenwagen wurde 1928 vorgestellt. Mit einem Dutzend Raketenmotoren im Heck einer stromlinienförmigen Karosserie erreichte er in einer Rekordzeit von 8 Sekunden 100 km/h. Tausende verfolgten die spektakulären Rekordfahrten, unter ihnen war auch der *Metropolis*-Regisseur Fritz Lang.

Der österreichische Ingenieur Edmund Rumpler präsentierte 1921 den „Tropfenwagen", ein Auto in Form eines Flugzeugflügels. Er hatte einen Mittelmotor und eine stromlinienförmige Karosserie – Entwicklungen, die später in den legendären Silberpfeilen ihre Vollendung fanden. Mit polierter Aluminiumkarosserie und leistungsstarken Kompressormotoren waren sie ihrer Zeit weit voraus. Fahrer wie Rudolf Caracciola und Bernd Rosemeyer errangen Sieg um Sieg und stellten Rekorde auf. Ausnahmeingenieure wie Ferdinand Porsche und die enormen finanziellen Mittel des Nazi-Regimes trugen zum Erfolg bei. Caracciola und Rosemeyer waren erbitterte Rivalen, bis Rosemeyer bei einem Rekordversuch auf der AVUS-Strecke tödlich verunglückte – bei einer Geschwindigkeit von fast 418 km/h. Die Silberpfeile fuhren bis zum Ausbruch des Kriegs weiter. Tazio Nuvolari gewann am 3. September 1939, zwei Tage nach dem deutschen Überfall auf Polen, den Großen Preis von Belgrad für Auto Union.

Die progressiven Ideale der Goldenen Jahre erodierten, als Künstler und Wissenschaftler flohen. Jene Epoche, die Isherwood in seinem Roman beschrieb, der später zur Grundlage des Musicals *Cabaret* wurde, schien Lichtjahre entfernt. Sein Werk war ein bewegendes Zeugnis einer Zeit, an die im Schatten des Krieges bald keiner mehr glauben konnte, wie die Berlinerinnen und Berliner, die er (wenn auch etwas ungenau) porträtierte.

Auf dem Gemälde „Großstadt" von 1928 zeigt Otto Dix das ausgelassene Nachtleben in den Wilden Zwanzigern.

„DER FORTSCHRITT IM AUTOMOBILBAU WURDE DURCH DIE JAGD NACH GESCHWINDIGKEITSREKORDEN BEFEUERT."

Ein Plakat wirbt 1937 für den neuen Mercedes-Benz 320, der in neun verschiedenen Karosserievarianten angeboten wurde.

IN-CD 438

HORCH 853

Der Automobilpionier August Horch schuf Luxusautos, die es mit den besten der Welt aufnehmen konnten.

August Horch hielt an der altmodischen Vorstellung fest, dass ein Automobil groß, luxuriös, leistungsstark und ein Spielzeug der Reichen sein sollte. Er war Zeuge der Geburt des Automobils: 1896 schloss er sich Carl Benz in Mannheim an und leitete die weltweit erste und damals größte Autofabrik. Der ehrgeizige Horch machte sich schließlich selbstständig. Die Autos, die seinen Namen trugen, entsprachen seiner Vision: „Nur große, leistungsstarke und zuverlässige Autos", forderte er, und dies bewahrheitete sich bereits 1904, als Horch den ersten Sechszylindermotor und schließlich den ersten Reihenachtzylinder vorstellte. Trotz finanzieller Schwierigkeiten, unternehmerischer Querelen und sogar der Gründung der Marke Audi (als Reaktion auf Namensrechtsstreitigkeiten) verlor Horch nie seine Vision aus den Augen: die Größe des Automobilbaus durch sein technisches Können zu verkörpern.

Und in den 1930er Jahren konnten nur wenige andere Autos dieser Zeit eine solche Würde ausstrahlen wie der Horch 853, ein luxuriöses Cabriolet, das es mit den besten der Welt aufnehmen konnte. Zu diesen zählten die „Barockmodelle" der französischen Karosserieschmieden Saoutchik und Figoni & Falaschi, der Bugatti Royale, der Alfa Romeo 8C mit Touring-Karosserie und die extrem leistungsstarken 500K Grand-Touring-Modelle seines früheren Arbeitgebers Mercedes-Benz.

Der kultivierte Horch wurde hauptsächlich als Cabriolet gebaut, um seine imposanten, aufrechten Linien und den eindrucksvollen Chromgrill besser zur Geltung zu bringen. Selbst im damaligen Stil mit langen vorderen Kotflügeln und sich verjüngender Motorhaube war der 853 eindrucksvoller als die größten Luxusfahrzeuge. Seine schiere Länge, die nach hinten angeschlagenen Türen und das markante Landaulet-Verdeck verliehen ihm eine unverwechselbare Präsenz. Unter der sorgfältig lamellierten Motorhaube verbarg sich ein 5,0-Liter-Reihenachtzylinder, dessen Laufruhe perfekt zum luxuriösen Charakter des Wagens passte.

Horch produzierte innerhalb von nur zwei Jahren etwa 600 Exemplare des 853, von denen die meisten von den bedeutendsten Karosseriebauern eingekleidet wurden. Die Fahrzeuge, die den Zweiten Weltkrieg überstanden haben, erzählen faszinierende Geschichten. Eines der ungewöhnlichsten erhaltenen Exemplare wurde von Voll & Ruhrbeck gebaut, mit hinteren Radabdeckungen und einer nach unten geschwungenen Karosserie, die mit Chromleisten akzentuiert war. Es gewann 2009 den Preis Best in Show beim Pebble Beach Concours d'Elegance. Ein atemberaubendes rot-silbernes Exemplar von Erdmann & Rossi wurde nach dem Krieg seiner Karosserie beraubt und als landwirtschaftliches Fahrzeug verwendet, bevor es vollständig restauriert wurde. Derselbe Karosseriebauer hatte einst eine verkürzte Version für den Rennfahrer Bernd Rosemeyer gebaut, der mit seinen Rekorden die Silberpfeile der Auto Union berühmt machte. Er nannte das Fahrzeug „Manuela". Obwohl es im Krieg verloren ging, wurde es später auf spektakuläre Weise nachgebaut.

Unter dem Dach der Auto Union bestand die Marke bis zum Ende der 1930er Jahre. August Horch erlebte nach dem Krieg den mühsamen Überlebenskampf seiner Firmen, bevor er 1951 verstarb. Er hätte sich sicher darüber gefreut, dass Audi heute zu den führenden Luxusmarken der Automobilwelt gehört – und dass in seiner Heimatstadt Zwickau in Sachsen ein Museum sein Vermächtnis würdigt.

Horch verließ 1909 sein gleichnamiges Unternehmen und gründete ebenfalls in Zwickau die Firma Audi. Beide Unternehmen Horchs wurden 1932 in die Auto Union eingegliedert. Daher trug der 853 sowohl die Horch-Kühlerfigur als auch das Emblem der Auto Union.

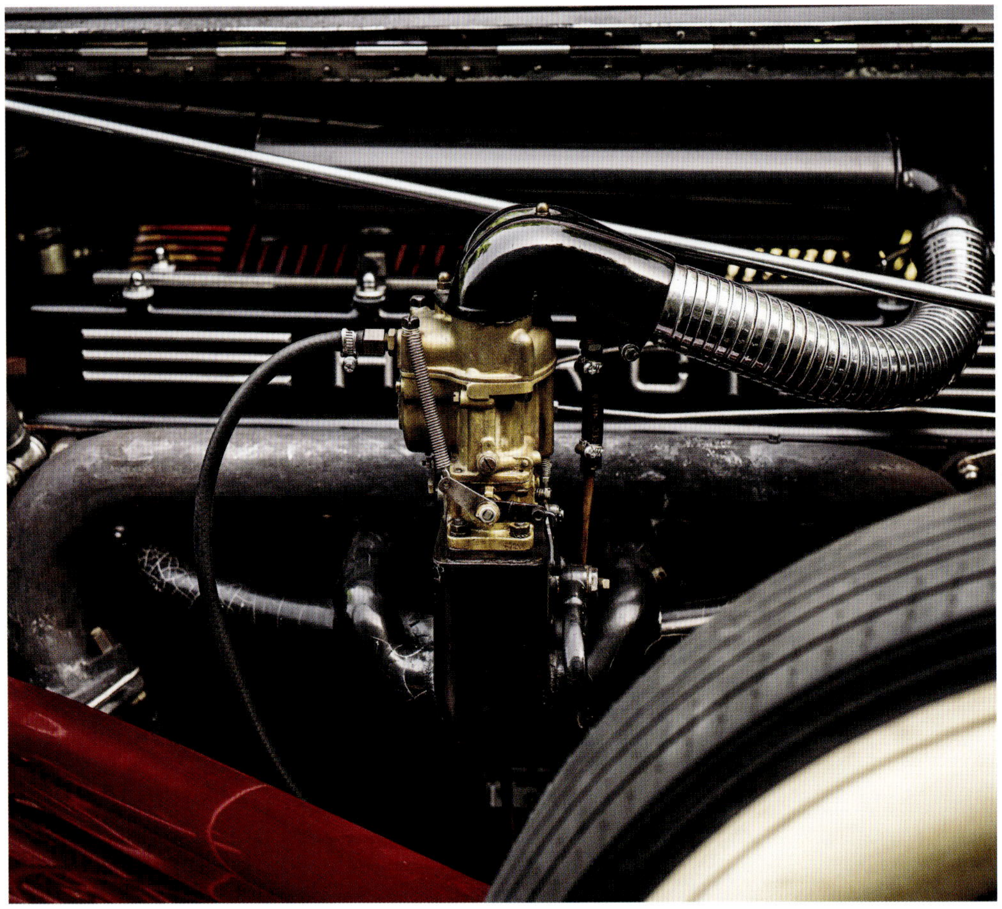

Der Horch 853 war größer und luxuriöser als andere opulente Cabrios seiner Zeit. Schätzungen zufolge gibt es heute nur noch ein Dutzend 853-Cabriolets, eines so stattlich und imposant wie das andere.

„HORCH PRODUZIERTE INNERHALB VON NUR ZWEI JAHREN ETWA 600 EXEMPLARE DES 853, VON DENEN DIE MEISTEN VON DEN BEDEUTENDSTEN KAROSSERIEBAUERN EINGEKLEIDET WURDEN.“

HORCH 853

Hersteller: Horch / Auto Union
Designer: unbekannt, einige Spezialkarosserien von Voll & Ruhrbeck, Graber und Erdmann & Rossi
Produktionsjahre: 1935–1938
Motor: 4944 cm³ SOHC-Reihen-8-Zylinder
Getriebe: 4-Gang-Schaltgetriebe
Maximale Leistung: 100 PS
Maximales Drehmoment: unbekannt
Gewicht: 2630 kg
Leistung / Gewicht: 38 PS / t
0–100 km / h: unbekannt
Höchstgeschwindigkeit: 135 km / h
Neupreis: unbekannt

IIIA-102762

MAYBACH DS8 ZEPPELIN

Zwei Automobil- und Luftfahrtpioniere schlossen sich zusammen, um das luxuriöseste Auto ihrer Zeit zu bauen.

Graf Ferdinand von Zeppelin war Spross einer Adelsfamilie, erfolgreicher General und Absolvent der renommiertesten technischen Universität Deutschlands, bevor er sich 1895 ganz der Entwicklung starrer Luftschiffe widmete. Die ersten Zeppeline, die seinen Namen trugen, waren beeindruckende Maschinen mit über 120 Meter langen wasserstoffgefüllten Gasballons. Zeppeline schwebten in rund 900 Metern Höhe über Berlin und über den Schweizer Alpen – so hoch, dass der Lärm der kolbenbetriebenen Propeller nicht zu hören war, was ihre ätherische optische Wirkung fast ins Unermessliche steigerte.

1909 gründete Zeppelin die erste Fluggesellschaft der Welt, die Deutsche Luftschiffahrts-Aktiengesellschaft. Bis 1928 hatte das Flaggschiff der Flotte, die *Graf Zeppelin,* die erste Weltumrundung und die erste Überquerung des Pazifiks mit einem Luftschiff erfolgreich absolviert. In einer Zeit, in der eine transatlantische Schiffsreise Wochen dauern konnte, gelangte ein Zeppelin in etwa vier Tagen von Deutschland an die Ostküste der Vereinigten Staaten – während es sich zwei Dutzend Passagiere in Raucherlounges und Kabinen gut gehen ließen und über dem Nordatlantik mit bestem Essen verwöhnt wurden.

Zeppelin war gut mit Wilhelm Maybach, dem technischen Direktor der Daimler-Motoren-Gesellschaft, befreundet. Mit kleinen, leichten Viertaktmotoren entwickelten Maybach und Gottlieb Daimler das erste Motorrad der Welt, das erste Motorboot und bereits 1902 das erste moderne Automobil: den Mercedes 35 PS, ein revolutionäres Rennfahrzeug, das im engeren Sinne als Auto konzipiert war und nicht als Weiterentwicklung einer Kutsche. Maybachs Ruf bei Daimler stand außer Frage. Er wurde für seine Innovationen im Bereich des Verbrennungsmotors gefeiert und als „König der Konstrukteure" gepriesen. Doch diese Auszeichnungen reichten nicht aus, um Maybach bei Daimler zu halten. Er verließ das Unternehmen 1909, um zusammen mit seinem Sohn Karl die Luftfahrzeug-Motorenbau GmbH zu gründen. Mit ihren Entwürfen für Luftschiffmotoren wandte sich die Firma der Maybachs an Zeppelin und wurde schließlich eine Tochtergesellschaft der Luftschiffbau Zeppelin, die Luftschiff- und Flugzeugmotoren baute.

Nach dem Ersten Weltkrieg durfte die Luftfahrzeug-Motorenbau GmbH keine Militärmotoren mehr bauen. Sie verwandte deshalb ihr Know-how darauf, die luxuriösesten und teuersten Automobile der Welt zu entwickeln. Der DS7 Zeppelin von 1928 war eine Huldigung der beindruckenden Luftschiffe und wurde Deutschlands erstes Auto mit einem V12-Motor – dem gleichen Motor wie in der *Graf Zeppelin*, wobei das Luftschiff von fünf Motoren angetrieben wurde, die jeweils 550 PS leisteten. Karl Maybach war Vorreiter bei der Entwicklung von Mehrganggetrieben mit avantgardistischen Merkmalen wie acht Gängen, Overdrive und Luftdruck-unterstütztem Schalten.

Der 1930 vorgestellte DS8 Zeppelin verfügte über ein Getriebe, das mit einem 200 PS starken V12-Motor gekoppelt war. Es war einer der leistungsstärksten Motoren seiner Zeit, in einem Fahrzeug, das keine Wünsche offen ließ und ein wenig an die riesigen Luftschiffe erinnerte, die Reisen über Kontinente hinweg ermöglichten. Die Ära der Zeppeline endete abrupt mit der *Hindenburg*-Katastrophe von 1937. Nach dem Zweiten Weltkrieg setzte der Flugzeugbau ganz auf Düsentriebwerke, und auch die Welt der Luxusreisen und des Automobilbaus wurde radikalen Veränderungen unterworfen.

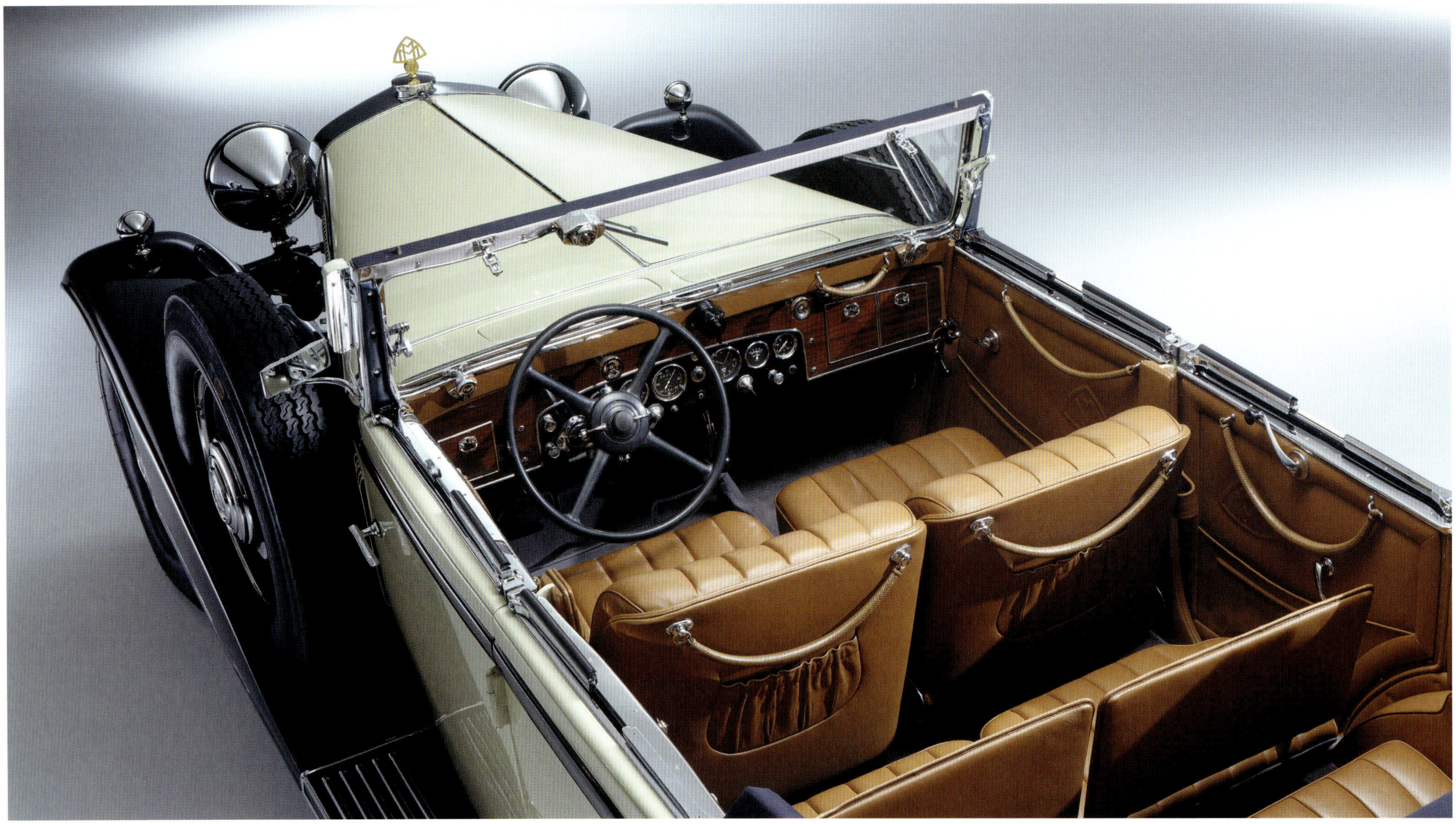

Schon der Name des DS8 Zeppelin, eines der größten Automobile seiner Zeit, strahlte Größe und Würde aus. Das Gemeinschaftsprojekt des Ingenieurs Wilhelm Maybach und des Luftschiffpioniers Graf Ferdinand von Zeppelin wurde von einem der ersten V12-Motoren aus europäischer Produktion angetrieben.

„DER DS8 ZEPPELIN ERINNERTE EIN WENIG AN DIE RIESIGEN LUFTSCHIFFE, DIE REISEN ÜBER KONTINENTE HINWEG ERMÖGLICHTEN."

MAYBACH DS8 ZEPPELIN

Hersteller: Maybach
Designer: Karosserie Spohn
Produktionsjahre: 1930–1938
Motor: 7.922 cm³ SOHC V12
Getriebe: 4-Gang-Schaltgetriebe mit Vorwahlschaltung und optionalem Untersetzungsgetriebe
Maximale Leistung: 200 PS
Maximales Drehmoment: unbekannt
Gewicht: 2800 kg
Leistung / Gewicht: 100 PS / t
0–100 km / h: 12 Sek.
Höchstgeschwindigkeit: 170 km / h
Neupreis: unbekannt

MERCEDES-BENZ W154

Das Zwölfzylinder-Meisterwerk des Vorkriegsmotorsports machte den größten Rennfahrer seiner Zeit zur Legende.

In den letzten beiden Jahren vor dem Zweiten Weltkrieg war kein Team stärker aufgestellt als Mercedes-Benz. Für das Unternehmen hatte die Entwicklung von Rennwagen ihren Höhepunkt erreicht. Der aufgeladene W125, mit dem Mercedes 1937 den Titel holte, war der leistungsstärkste Rennwagen der Welt – mit einer Leistung von bis zu 650 PS, was bis weit in die 1960er Jahre hinein nicht übertroffen werden sollte. Rudolf Caracciola, einer der begabtesten Rennfahrer seiner Zeit, gewann mit Mercedes-Benz und dem W125 seine zweite Weltmeisterschaft. Zudem stellte er Anfang 1938 mit dem sogenannten Rekordwagen auf der AVUS einen Geschwindigkeitsrekord für Landfahrzeuge auf: 432,7 km/h.

Doch die Grand-Prix-Reglements wurden fortlaufend überarbeitet. Es lag an den Ingenieuren der führenden Werksteams, vorauszudenken, Regeln geschickt auszulegen und daraus einen Vorteil zu ziehen. Für Mercedes-Benz war das kein Hindernis: Die Silberpfeile genossen die volle Unterstützung der NS-Regierung. Der brillante Rudolf Uhlenhaut leitete mit nur 30 Jahren die Rennabteilung und hatte den W125 zu einem Weltklassefahrzeug gemacht.

Für die Saison 1938 legten die neuen Vorschriften fest, dass Kompressormotoren maximal 3 Liter Hubraum haben durften, und damit etwas mehr als die Hälfte des 5,7-Liter-Vorgängers. Anstelle eines Reihenachtzylinders kam ein V12-Motor zum Einsatz, dessen kleine Zylinder von einem zweistufigen Kompressor auf fast 500 PS aufgeladen wurden. Um die geringere Motorleistung zu kompensieren, entwickelte Mercedes-Benz erstmals ein Fünfgang-Renngetriebe.

Alles, was Mercedes-Benz beim Bau der Stromlinienfahrzeuge gelernt hatte, floss in den neuen Boliden ein. Im Vergleich zum W125 war der W154 länger, schlanker, aerodynamischer und noch imposanter. Seine schlanke Karosserie, die den Fahrer umhüllte, war unfassbar niedrig und ragte kaum über die Räder hinaus. Je nachdem, wie viel Kühlung die Silberpfeile für die einzelnen Strecken benötigten, variierte die Frontpartie des Wagens: Mit seinem breiten, wie ein Fischmaul wirkenden Kühlergrill und ohne die für Grand-Prix-Rennen nicht erforderlichen Scheinwerfer sah der Wagen aus wie ein Meeresungeheuer, das seine Rivalen bösartig angrinste.

Trotz geringerer Leistung und neuen Vorschriften, die die Geschwindigkeit drosseln sollten, war der W154 auf der Strecke genauso schnell, wenn nicht schneller als sein donnernder Vorgänger. Starpilot Caracciola, der in Frankreich, Deutschland, der Schweiz und Italien unter den Top Drei landete, übernahm erneut das Steuer und sicherte sich und Mercedes-Benz 1938 den Weltmeistertitel. Es war die Krönung seines Glanzjahres, in dem er bereits als der schnellste Mann der Welt galt.

Umdrehungen
in der Minute
1 x 100.
0
10
20
30
40
50
60
70
80
90
MERCEDES

MERCEDES-BENZ W154

Hersteller: Mercedes-Benz
Konstrukteur: Rudolf Uhlenhaut
Produktionsjahre: 1938–1939
Motor: 2962 cm³ DOHC V12
Getriebe: 5-Gang-Schaltgetriebe
Maximale Leistung: 480 PS
Maximales Drehmoment: 489 Nm
Gewicht: 980 kg
Leistung / Gewicht: 490 PS / t
0–100 km / h: unbekannt
Höchstgeschwindigkeit: 309 km / h
Neupreis: unbekannt

Trotz reglementbedingter Einschränkungen beim Motor erwies sich der W154 als ebenso schnell wie sein Vorgänger. Unlackiertes Aluminium, aggressive Aerodynamik und minimalistische Formgebung verkörperten den Namen „Silberpfeil“ in Perfektion.

„ALLES, WAS MERCEDES-BENZ BEIM BAU DER STROMLINIEN-FAHRZEUGE GELERNT HATTE, FLOSS IN DEN W154 EIN.“

MYTHOS SILBERPFEILE

Deutschlands beste Motorsportler kämpften ein Jahrzehnt lang um den Stolz der Nation.

In diesem W25 Rekord mit einem geschlossenen aerodynamischen Cockpit stellte Rudolf Caracciola einen Geschwindigkeitsrekord auf.

Jede europäische Nation, die am Grand-Prix-Rennsport teilnahm, betrachtete ihn als Frage der nationalen Ehre. Deutschlands berühmteste Rennwagen der 1930er Jahre, die sogenannten Silberpfeile, waren elegante technologische Meisterwerke mit stromlinienförmigen Karosserien und aufgeladenen Motoren. Sie dominierten auf den Rennstrecken Europas als Aushängeschilder deutscher Ingenieurskunst. Rennfahrer wie Rudolf Caracciola und Bernd Rosemeyer wurden wie Könige gefeiert.

Der Spitzname „Silberpfeile" beruht auf einem glücklichen Zufall. Frühe Grand-Prix-Wagen waren leicht an ihren Nationalfarben zu erkennen: Italien fuhr in Rosso Corsa, Großbritannien in British Racing Green, Frankreich in Pastellblau – und Deutschland traditionell in Weiß. Doch 1934 überraschte eine neue Gewichtsvorschrift das Team von Mercedes-Benz. Um das Gewicht des W25 zu reduzieren, entfernte man kurzerhand die schwere bleihaltige Lackierung – und zum Vorschein kam blankes Aluminium. Die Silberpfeile waren geboren.

Im selben Jahr begann der erbitterte Wettstreit zweier mächtiger Werksteams, der fast ein Jahrzehnt andauern sollte. Mercedes-Benz wollte mit dem W25, angetrieben von einem über 400 PS starken SSK-Motor mit Kompressor, seine Dominanz behaupten.

Doch nun trat auch die Auto Union an, ein Zusammenschluss von vier angeschlagenen Marken – ohne großes Erbe, dafür mit viel Ehrgeiz. Die nationalsozialistische Regierung unterstützte beide Unternehmen mit jeweils 250 000 Reichsmark zur Förderung einer „deutschen Hochgeschwindigkeitsautomobilindustrie". Der Wettbewerb wurde erbittert geführt.

Möge das bessere Auto gewinnen. Die Auto Union holte Ferdinand Porsche ins Boot, der parallel am Projekt Volkswagen arbeitete. Die von ihm entworfenen Rennwagen der Auto Union waren revolutionär. Sie verfügten über einen 16-Zylinder-Kompressormotor, der schließlich über 800 PS leistete und mittig montiert war, was erst 20 Jahre später wieder in Grand-Prix-Rennen aufgegriffen wurde. Die schnittige, tropfenförmige Karosserie wurde vom Deutschen Institut für Luftströmungstechnik getestet, wo auch andere stromlinienförmige Designs für Hochgeschwindigkeitsrekorde entwickelt wurden.

Mercedes-Benz hatte Caracciola, der 1931 die Mille Miglia gewonnen hatte, bevor er 1935 Europameister wurde. Für die Auto Union fuhr Rosemeyer, der sich mit Caracciola sowohl auf der Rennstrecke als auch bei Rekordfahrten duellierte. Rosemeyer wurde 1937 Europameister, Caracciola im Jahr darauf – eine erbitterte Rivalität, die umso erstaunlicher war, als Rosemeyer vor seinem Wechsel zu Auto Union noch nie ein Autorennen bestritten hatte. Der frühere Motorrad-Champion nutzte seine Unvoreingenommenheit, um das schwierige Handling der Auto-Union-Silberpfeile schnell zu beherrschen.

Neben den Grands Prix in Europa versuchten beide Fahrer, Geschwindigkeitsrekorde auf der Berliner AVUS aufzustellen. An einem frostigen Morgen im Januar 1938 erreichte Caracciola mit 433 km/h im Mercedes-Benz W125 Rekordwagen eine neue Bestmarke. Stunden später war Rosemeyer an der Reihe. Bei 418 km/h wurde sein Auto von einer Windböe erfasst – er verlor die Kontrolle, wurde aus dem Wagen geschleudert und kam ums Leben.

Mercedes-Benz und Auto Union lieferten sich bis zum Ausbruch des Krieges einen erbitterten Konkurrenzkampf. Als die Grand-Prix-Rennen nach dem Krieg wieder aufgenommen wurden, kehrte jedoch nur Mercedes-Benz in den Rennsport zurück. Zur Saison 1954 trat das Team mit einer Kombination aus Weltklassefahrern (Juan Manuel Fangio, Stirling Moss), visionären Ingenieuren (Alfred Neubauer) und dem technisch fortschrittlichsten Rennwagen seiner Zeit – dem W196 – an und gewann beide Fahrerweltmeisterschaften, an denen es teilnahm. Nach der Katastrophe von Le Mans 1955 zog sich Mercedes-Benz für drei Jahrzehnte aus dem Motorsport zurück. Seit seiner Rückkehr zur Formel 1 im Jahr 1994 hat Mercedes-Benz sieben weitere Fahrerweltmeisterschaften und acht Konstrukteurstitel in Folge gewonnen und damit die Rekordgeschichte der Silberpfeile ins 21. Jahrhundert geführt.

Hermann Lang rast in seinem Mercedes-Benz W154 beim Grand Prix von Frankreich 1938 durch die Weizenfelder Ostfrankreichs.

154075

MERCEDES-BENZ 540K

Die Leichtigkeit des Reisens im elegantesten Cabriolet, das jemals gebaut wurde.

Mit dem „K“ für „Kompressor“ passte der Mercedes-Benz 540K perfekt in die Welt der europäischen Luxuselite, als eines der großen Cabriolets der Zwischenkriegszeit und Objekt der Begierde von Königen und Aristokraten. Er war schlicht der luxuriöseste Mercedes-Benz seiner Zeit, ein Spiegelbild des Erfolgs der Silberpfeile, gepaart mit dramatischen Proportionen und einer opulenten Karosserie. Seine fließend geschwungenen Kotflügel flossen nahtlos in den Fahrgastraum über, der fast direkt über der Hinterachse lag, während sich die niedrige Motorhaube mit ungehinderter Anmut in Richtung eines abgerundeten Hecks streckte.

Seine chromverzierte Eleganz ist auch ein Beispiel für die Widersprüchlichkeit der Automobile der Zwischenkriegszeit, denn viele dieser luxuriösen und teuren Wagen wurden auf dem Höhepunkt der Weltwirtschaftskrise entworfen und gebaut. Es war eine Zeit, in der der Wettstreit, wer sich mehr leisten konnte, auf beiden Seiten des Atlantiks auf seinen Höhepunkt zusteuerte. Prominente oder Industrietitanen gaben funkelnde Karossen wie einen Duesenberg Model J, einen Isotta Fraschini, Hispano-Suiza oder sogar einen Bugatti Royale in Auftrag, und Karosseriebauer wie Saoutchik, Fantuzzi und Figoni & Falaschi nahmen kleine Vermögen in die Hand, um maßgeschneiderte automobile Kunstwerke herzustellen.

Im 540K, der im Werk in Sindelfingen im Kundenauftrag gebaut wurde, war der Kompressor der Star der Show. Der Fahrer konnte den Roots-Kompressor über einen Schalter am lederbezogenen Armaturenbrett aktivieren oder ihn voll einsetzen, indem er das Gaspedal über einen bestimmten Punkt hinaus durchtrat. Aus dem 5,4-Liter-Reihenachtzylinder erwachten dann 180 PS zum Leben und beschleunigten den 540K auf 170 km/h.

Mercedes hatte die Kompressor-Technologie bereits in Flugzeugmotoren sowie in den Vorgängermodellen SSK, 380K und dem zwei Jahre älteren 500K perfektioniert. Wie es sich für ein Mercedes-Flaggschiff gehört, war das Rennsport-Know-how von Anfang an präsent. Der aufgeladene SSK war in den Händen von Rennlegende Rudolf Caracciola nahezu unschlagbar, und er war zugleich das letzte von Ferdinand Porsche entwickelte Modell, bevor er Mercedes verließ, um seine eigene Automobilgeschichte zu schreiben. Dabei wurde das Fahrwerk des 540K noch weiter verfeinert. Jeder 540K verfügte über eine ausgeklügelte Einzelradaufhängung mit Schraubenfedern, die erste ihrer Art weltweit, und bot eine beispiellose Fahrstabilität auf den endlosen Autobahnstrecken. Das Fahrgestell war so massiv konstruiert, dass es das über zwei Tonnen schwere Fahrzeug mühelos trug.

Noch seltener als die Cabriolets war das aerodynamisch optimierte Coupé, bekannt als „Autobahn-Kurierwagen“. Nur sechs Exemplare wurden gebaut. Die wenigen Auserwählten, die einen dieser fabelhaften Reisewagen in jedweder Konfiguration ihr Eigen nennen konnten, gaben den Gegenwert eines Hauses in Reichsmark aus. Doch sie erwarben dafür ein zeitloses Auto, dem kein Konkurrent das Wasser reichen konnte.

154075

Mit einem Kompressor, der per Schalter aktiviert wurde, war der 540K einer der schnellsten und stärksten Grand Tourer für die neuen Autobahnen. Die stromlinienförmige Karosserie endete in einem „Bootsheck", und die doppelten Auspuffrohre ließen die beeindruckende Leistung des Reihenachtzylinders erahnen.

„VIELE DIESER LUXURIÖSEN UND TEUREN WAGEN WURDEN AUF DEM HÖHEPUNKT DER WELTWIRTSCHAFTSKRISE ENTWORFEN UND GEBAUT."

MERCEDES-BENZ 540K

Hersteller: Mercedes-Benz
Designer: Friedrich Geiger
Produktionsjahre: 1936–1940
Motor: 5401 cm³ Doppelkohlenstoff-Kompressor-Reihen-8-Zylinder
Getriebe: 4-Gang-Schaltgetriebe/ 5-Gang-Schaltgetriebe
Maximale Leistung: 180 PS
Maximales Drehmoment: 431 Nm
Gewicht: 2350 kg
Leistung / Gewicht: 76 PS / t
0–100 km / h: 16,4 Sek.
Höchstgeschwindigkeit: 170 km / h
Neupreis: 28 000 Reichsmark

BMW 328

Das erfolgreichste Rennfahrzeug der 1930er Jahre legte den Grundstein für den guten Ruf der Bayerischen Motoren Werke.

Markentreue ist ein entscheidender Faktor – besonders in der Welt der Automobile. Immaterielle Eigenschaften einer Marke können so prägend sein, dass sie dauerhafte Mythen erschaffen. Weniger als acht Jahre nach der Gründung produzierte BMW mit dem 328 sein erstes speziell für den Rennsport entwickeltes Fahrzeug, das die junge Marke sofort ins Licht der Weltöffentlichkeit katapultierte. Außergewöhnliche Fahreigenschaften, Präzision und Laufruhe, die den 328 zu einem der erfolgreichsten Rennwagen seiner Zeit machten, werden bis heute bei jedem neuen BMW besonders hervorgehoben.

Kurz bevor der 328 debütierte, hatte BMW eine Reihe von Neuerungen gewagt. Erst 1932 hatte das Unternehmen sein erstes im eigenen Haus entwickeltes Fahrzeug vorgestellt und bereits ein Jahr später seinen ersten Reihensechszylinder eingeführt – ein Motorkonzept, das heute untrennbar mit BMW verbunden ist. Im selben Jahr präsentierte Chefdesigner Peter Szymanowski den hohen, abgerundeten „Nierengrill“ am BMW 303. Dieses ikonische Designelement teilte die Front des 328 in zwei elegante, ovale Formen, die sich um seine schlanke Nase schmiegten. Keine überflüssigen Stoßstangen störten den fließenden Übergang der Frontpartie, und selbst die Scheinwerfer waren perfekt integriert. All dies unterstrich den Rennsportcharakter des 328, dessen vollständig aus Aluminium bestehende Karosserie leicht an unterschiedliche Wettbewerbe angepasst werden konnte. Szymanowskis aerodynamische Bemühungen verhalfen dem 328 zu 150 km/h Höchstgeschwindigkeit – und das mit einem 80-PS-Motor, der bereits die doppelte Leistung des vorherigen BMW-Roadsters bot.

BMW präsentierte den 328 im Juni 1936 beim Eifelrennen auf dem Nürburgring, wo das Modell den ersten internationalen Sieg für BMW einfuhr. Ein Jahr später ging der Wagen in Serienproduktion, und Privatrennfahrer stellten fest, dass der wendige und agile 328 selbst gegen starke Fahrzeuge mit Kompressor konkurrenzfähig war. Bis Ende 1937 hatte der 328 über 100 Klassensiege errungen und gewann in den folgenden Jahren unter anderem beim 24-Stunden-Rennen von Le Mans, der RAC Tourist Trophy und der Mille Miglia 1938, bei der die 328-Modelle die ersten vier Plätze ihrer Klasse belegten.

Für die Rennsaison 1939 entwarf die Mailänder Karosserieschmiede Touring spezielle Coupé-Karosserien. Diese reduzierten und eleganten Coupés zeichneten sich durch integrierte Kotflügel und ein schnittiges Fastback-Dach aus, das sich weit hinter den Fahrersitz erstreckte und sanft in ein kurzes, breites Heck überging. Die Italiener konstruierten diese aerodynamischen Feinheiten mit Unterstützung von Professor Wunibald Kamm, dem Namensgeber des berühmten „Kamm-Hecks“. Die Zusammenarbeit zahlte sich aus: Bei der Mille Miglia 1940 gewann ein 328 Touring nicht nur seine 2-Liter-Klasse, sondern errang auch den Gesamtsieg – und das gegen die leistungsstärkeren Alfa Romeos.

Für Enthusiasten und Werbestrategen ist die Vorstellung, jedes Modell mit den Eigenschaften eines Sportwagens auszustatten, elektrisierend, klingt aber auch ein wenig nach Selbstbeweihräucherung. Dies spiegelt sich besonders im Slogan „The Ultimate Driving Machine“ wider, mit dem BMW über Jahrzehnte den US-Markt beackerte. Auch wenn das Prinzip der Leichtbauweise mit dem 328 in den Hintergrund trat, bleibt sein motorsportlicher Erfolg ein wesentlicher Bestandteil von BMWs Vermächtnis.

IS-53638

BMWs Rennsport-Ruf wuchs mit dem leichten und wendigen 328. Die langgezogenen Doppelnieren wurden zum Markenzeichen und entsprachen dem typischen Design der Vorkriegszeit. Der Verzicht auf Stoßstangen und Chromschmuck unterstrich den reinen Rennsportcharakter.

„WENIGER ALS ACHT JAHRE NACH DER GRÜNDUNG PRODUZIERTE BMW MIT DEM 328 SEIN ERSTES SPEZIELL FÜR DEN RENNSPORT ENTWICKELTES FAHRZEUG.“

BMW 328

Hersteller: BMW
Designer: Peter Szymanowski / Fritz Fiedler
Produktionsjahre: 1936–1940
Motor: 1971 cm^3 Reihen-6-Zylinder mit Stößelstange
Getriebe: 4-Gang-Schaltgetriebe
Maximale Leistung: 80 PS
Maximales Drehmoment: 126 Nm
Gewicht: 830 kg
Leistung / Gewicht: 96 PS / t
0–100 km / h: 10,5 Sek.
Höchstgeschwindigkeit: 150 km / h
Neupreis: 7400 Reichsmark

VOLKSWAGEN KÄFER

Ursprünglich dazu gedacht, die Deutschen auf die Autobahnen zu locken, wurde aus dem „Volksauto" ein echter Weltbürger.

Der bescheidene Käfer ist eines der bedeutendsten Autos überhaupt und seine Form zweifellos eine der bekanntesten in der Welt der Fahrzeuge. Aber es brauchte das Ende eines Weltkriegs, den kollektiven Einsatz einer ganzen Stadt und geniale Einfälle wenig bekannter Ingenieure, um ihn zu einem Auto für die Massen zu machen.

Die Idee des Volkswagen ging einher mit dem Bau eines nationalen Autobahnnetzes, das eine Zukunft mit effizienten und schnellen Überlandfahrten versprach. Ferdinand Porsche, Deutschlands bedeutender Autokonstrukteur, wurde mit der Entwicklung des Fahrzeugs beauftragt. Dabei ließ auch er sich inspirieren: Die wesentlichen Merkmale des Volkswagen Typ 1 (wie er damals hieß) basierten auf der Arbeit bedeutender Ingenieure aus ganz Europa. Namentlich der Ungar Béla Barényi, der bereits 1925 die runde Form skizzierte, und der Österreicher Hans Ledwinka, dessen Arbeit für den tschechischen Hersteller Tatra das Konzept des luftgekühlten Heckmotors vorwegnahm. Fragwürdige Patentrechtslagen und die drängende Kriegsmaschinerie führten dazu, dass unterschiedliche Konzepte zusammenfanden – Deutschlands berühmtester Autoexport war in Wahrheit ein gesamteuropäisches Projekt.

Am Ende des Zweiten Weltkriegs lag das Werk des Typ 1 in Wolfsburg in Trümmern, und die britische Besatzungsarmee war im Begriff, die Anlagen zu demontieren, da sie das Auto „für den Durchschnittskäufer eher unattraktiv" fand. Es war der britische Major Ivan Hirst, der das Potenzial des Wagens erkannte, weil er erlebt hatte, wie robust die Plattform im militärischen Einsatz gewesen war.

Mit dem Beginn des zivilen Verkaufs kam die Produktion schnell in Schwung. Nach zehn Jahren lief der millionste Käfer vom Band. Weitere 13 Jahre vergingen, bis das Fahrzeug offiziell den Namen „Käfer" erhielt. Inzwischen war es längst eine Ikone geworden: In den USA wurde das Auto durch eine bahnbrechende Werbekampagne bekannt, in der es sich selbstironisch als „lemon" (Montagsauto) präsentierte. Tuning-Fans liebten den leichten Käfer mit seinem einfach modifizierbaren, luftgekühlten Motor. In Kalifornien ersetzte Bruce Meyers die Stahlkarosserie durch eine GFK-Schale und erfand so den Meyers Manx, den ersten Dune Buggy. Offroad-taugliche „Baja Bugs" eroberten die Sanddünen der US-Westküste. 1968 brachte Disney *Herbie – Ein toller Käfer* in die Kinos: Ein gestreifter Käfer, der anscheinend über eine eigene Persönlichkeit verfügt, wurde einer der ersten automobilen Stars der Popkultur.

Während die Käfer-Produktion in Wolfsburg 1974 eingestellt wurde, lief sie in Mexiko noch bis 2003 weiter, wo der *Vocho* tief in der Alltagskultur verankert war – besonders als allgegenwärtiges Taxi in Mexiko-Stadt. Im selben Jahr war Volkswagen der zweitgrößte Autohersteller der Welt. Nach 22 Millionen Exemplaren in 65 Jahren endete die längste Produktionsgeschichte eines einzelnen Modells. In einer weltweiten Umfrage zum „Auto des Jahrhunderts" belegte der Käfer den vierten Platz – noch vor dem Porsche 911 – und schlug so die Brücke zurück zu Ferdinand Porsche, der mit dem Porsche 356, seinem ersten luftgekühlten Sportwagen mit Heckmotor, direkt an den Käfer anknüpfte: ein Beweis dafür, dass eine Legende zur nächsten führte.

BN 59-5214

BN59-5214

Es ist eine der bekanntesten Silhouetten der Welt: Der Käfer entstand nach dem Zweiten Weltkrieg im Rahmen der Reparationsleistungen und wurde zu einem der meistgebauten Autos der Geschichte. Die „Brezelkäfer"-Modelle mit geteiltem Heckfenster wurden bis 1953 gebaut und sind heute bei Sammlern sehr begehrt.

BN45-4852

VOLKSWAGEN KÄFER

Hersteller: Volkswagen
Designer: Ferdinand Porsche / Erwin Komenda / Béla Barényi / Hans Ledwinka
Produktionsjahre: 1938–1942 / 1945–2003
Motor: 985 ccm Typ 1 4-Zylinder-Boxermotor (1938–1942)
Getriebe: 4-Gang-Schaltgetriebe (1938–1942)
Maximale Leistung: 24 PS
Maximales Drehmoment: unbekannt für Vorkriegs- und Kriegsmodelle
Gewicht: 730 kg
Leistung / Gewicht: 33 PS / t
0–100 km / h: 27,5 Sek.
Höchstgeschwindigkeit: 100 km / h
Neupreis: 990 Reichsmark (behauptet)

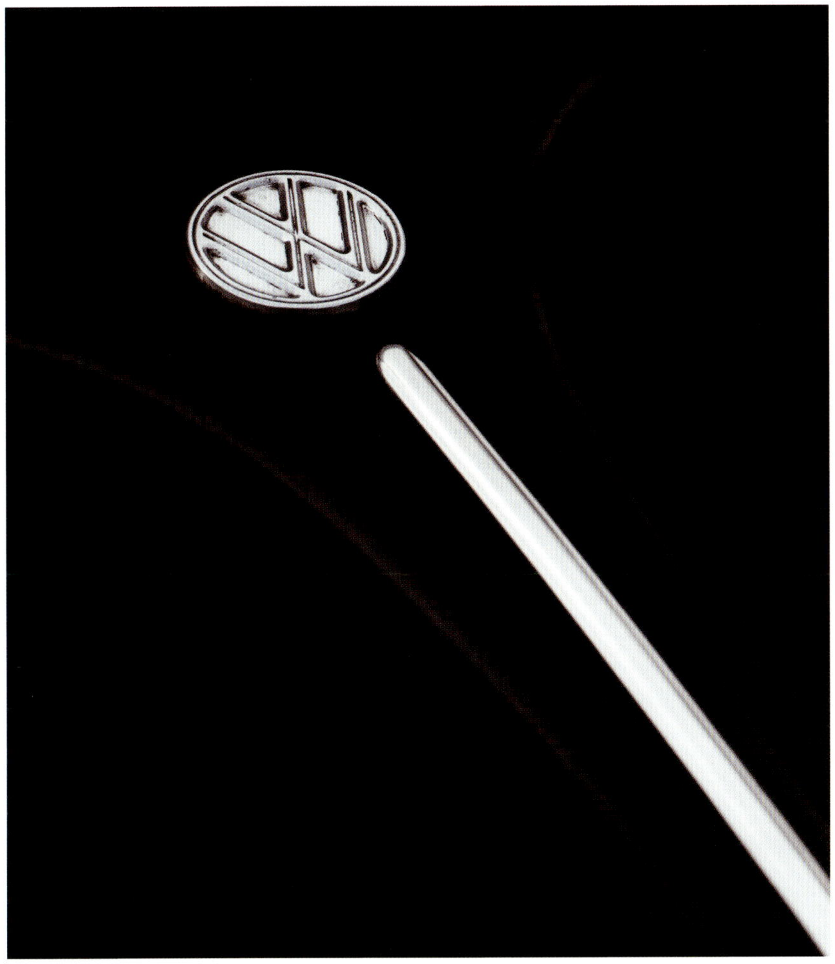

Unter den Prototypen des Typs 60 war auch ein Cabriolet. Sechs Jahre bevor der Karmann Ghia die Volkswagen-Modellpalette um einen glamourösen Zweisitzer bereicherte, brachte Volkswagen 1949 einen offenen Käfer auf den Markt.

„NACH 22 MILLIONEN EXEMPLAREN IN 65 JAHREN ENDETE 2003 DIE LÄNGSTE PRODUKTIONSGESCHICHTE EINES EINZELNEN MODELLS."

VOLKSWAGEN

Mit seiner fröhlichen Zweckmäßigkeit schuf der bescheidene Käfer ein Automobilimperium.

In Mexiko spricht man liebevoll vom *Vocho,* wenn man den bescheidenen Käfer meint, der über Generationen als Taxi diente. Die Brasilianer nannten dasselbe Auto *Fusca.* Noch 2013 konnte man einen brandneuen Transporter kaufen, der dem Modell von 1967 glich. Diese Langlebigkeit ist bei Volkswagen nichts Neues. In Südafrika war der erste Golf bis 2009 im Einsatz. In China prägte der Santana drei Jahrzehnte lang die Automobilkultur, während sich weiterentwickelte Jetta-Modelle eindrucksvolle Namen wie „King“ und „Pioneer“ verdienten.

Weltweit sind Volkswagen-Modelle zu kulturellen Symbolen geworden. Die Menschen haben schöne Erinnerungen an die Volkswagen, mit denen sie aufgewachsen sind und Abenteuer erlebt haben. Der Käfer, eines der bekanntesten und unvergesslichsten Designs der Automobilgeschichte, begründete ein Imperium und machte Volkswagen zu einem der größten Automobilhersteller der Welt. Unter dem Dach der Volkswagen Gruppe fühlen sich heute Speed-Enthusiasten, luxusliebende Hedonisten und sogar italienische Motorradfahrer wohl.

Das Auto, das später als Käfer bekannt wurde, wurde von Adolf Hitler in Auftrag gegeben, der bereits 1934 eine Anforderungsliste erstellt hatte: Es musste Platz für zwei Erwachsene und drei Kinder bieten, einen Verbrauch von 7 Litern pro 100 km nicht überschreiten und der einfachen Wartung halber luftgekühlt sein. Noch wichtiger war jedoch, dass es die für die neuen Reichsautobahnen geeignet war, das von den Nazis propagierte Symbol nationaler Überlegenheit. Im Gegensatz zu den Silberpfeilen, die ebenfalls eine motorisierte Form der Propaganda darstellten, war dieses Volksauto für die Massen gedacht. Es wurde über das vollmundige Programm „Kraft durch Freude“ verkauft, das den Deutschen moderne Annehmlichkeiten bringen sollte. Innerhalb von zehn Jahren, so das Versprechen, sollte jeder Deutsche einen KdF-Wagen besitzen.

Ferdinand Porsche, Deutschlands führender Ingenieur, wurde mit der Konstruktion beauftragt. Aber selbst ein Genie seines Formats ließ sich von Freunden und Kollegen inspirieren. Nämlich vom österreichischen Designer Hans Ledwinka, der bei Tatra in der Tschechoslowakei einige der fortschrittlichsten Automobile der damaligen

Links: Verkaufsbroschüre von 1938 für den KdF-Wagen. *Rechts:* In der Käfer-Produktion in Wolfsburg herrscht 1956 reges Treiben.

Der Volkswagen Transporter, ursprünglich Typ 2 genannt, vor dem Werk in Wolfsburg.

Der Disney-Film *Ein toller Käfer* (1968) machte den scheinbar lebendigen Herbie weltberühmt.

Links: Eine Arbeiterin montiert 1962 eine Käfer-Karosserie auf ein Fahrgestell. *Rechts:* Geschäftsführer Heinz Nordhoff 1955 als Herr über 30 000 Mitarbeiter.

„1972 ÜBERTRAF VW MIT ÜBER 15 MILLIONEN FAHRZEUGEN DEN PRODUKTIONSREKORD DES FORD MODEL T.“

Zeit entwickelte. Die Tatras waren die ersten Autos, bei denen die Aerodynamik im Mittelpunkt stand. Sie hatten eine zentrale Finne am abfallenden Heck und eine stromlinienförmige Front ohne Kühlergrill, dafür mit zwei weit auseinanderstehenden Scheinwerfern. Ferdinand Porsche sah sich später dem Vorwurf ausgesetzt, bei der Entwicklung des Käfers Ledwinkas Entwürfe kopiert zu haben, was zu einem Rechtsstreit führte. Dieser wurde jedoch durch den Einmarsch der Deutschen in die Tschechoslowakei hinfällig. Porsche bemerkte später: „Manchmal habe ich ihm über die Schulter geschaut, manchmal er mir.“ Nach dem Krieg einigten sich Volkswagen und Tatra auf einen Vergleich.

Jedes Unternehmen in Deutschland war in den Aufstieg des Nationalsozialismus involviert, aber die zukünftige Volkswagen AG ging direkt daraus hervor. Eine riesige neue Stadt, später bekannt als Wolfsburg, wurde gebaut, um die Arbeiter der neuen KdF-Fabrik zu beherbergen, die zur größten Fabrik der Welt wurde. Ironischerweise wurden während des Krieges kaum Volkswagen Typ 1 (wie er nun hieß) für Zivilisten gebaut. Stattdessen wurden vierradgetriebene Versionen von Porsches Entwurf produziert: der Kübelwagen und der Schwimmwagen.

Nach dem Krieg wurde Wolfsburg von den Briten besetzt. Die Militärführung schrieb den Käfer als zu primitiv ab, bezeichnete ihn wörtlich als „ziemlich unattraktiv“ und bot ihn sogar Ford of Britain kostenlos an. Ford war offenbar derselben Meinung und lehnte das Angebot ab. Die Fabrik wäre wahrscheinlich demontiert worden, hätte nicht Major Ivan Hirst das Potenzial des Käfers erkannt und die britische Armee dazu überredet, 20 000 Fahrzeuge zu bestellen. Doch selbst Hirst ahnte nicht, dass Volkswagen seinem Namen einmal gerecht werden würde.

Der Volkswagen Käfer wurde in den 60er und 70er Jahren zur Ikone der Gegenkultur.

In den 1950er Jahren expandierte VW nach Brasilien, Mexiko und Australien – der Käfer wurde schließlich in 15 Ländern produziert und weltweit zum Symbol des Wohlstands nach dem Krieg. 1972 übertraf VW mit über 15 Millionen Fahrzeugen den fast 50 Jahre alten Produktionsrekord des Ford Model T. Zwei Jahre später (und nach einer weiteren Million Autos) rollte der letzte Käfer in Wolfsburg vom Band. Seine Beliebtheit in Europa schwand, weshalb der Käfer durch den Typ 3 und Typ 4 ergänzt wurde – Modelle mit der bewährten Technik des Käfers, aber als Limousine oder Kombi. Nach der Einstellung der Produktion in Deutschland wurde der Käfer weiter international hergestellt, in Mexiko sogar bis 2003. Insgesamt wurden 21,5 Millionen Exemplare gebaut, und der Käfer und der Bulli wurden zentrale Symbole der Hippie-Bewegung – wie Woodstock und der Sommer der Liebe.

Der wahre Nachfolger des Käfers war der Golf, der im Mai 1974 sein Debüt hatte. Er war nicht nur für VW ein Meilenstein, sondern für die gesamte Autoindustrie: Er markierte das Ende des luftgekühlten Heckmotors bei Kleinwagen, stattdessen brachte die Kombination von Frontmotor und Vorderradantrieb mehr Platz im Innenraum und besseres Fahrverhalten. Das „Papierfalten“-Design von Giorgetto Giugiaro, das er von seinen Konzeptautos und Supersportwagen adaptierte, führte in eine Ära der klaren Linien. Als Volkswagen den Golf mit mehr PS ausstattete, schuf der Golf GTI ein völlig neues Segment: Ein unscheinbarer Kleinwagen, der Sportwagen

Alt und neu: Auch wenn der Käfer schließlich dem modernen, wassergekühlten Golf weichen musste, wurde er bis 2003 produziert.

hinter sich lassen konnte. Es ist keine Überraschung, dass dieses Segment bis heute äußerst beliebt ist und der GTI (mittlerweile in der 9. Generation) einer seiner unangefochtenen Champions ist.

Die 1990er und 2000er Jahre waren bei Volkswagen von ehrgeizigem Wachstum geprägt. Unter dem strengen Blick von VW-Chef Ferdinand Piëch expandierte das Unternehmen durch die Übernahme von Luxusmarken wie Bentley und Lamborghini und holte sogar den italienischen Motorradhersteller Ducati und Giugiaros Italdesign unter sein Dach. Die langjährige Beziehung zwischen Volkswagen und Porsche war bis 2012 eine gleichberechtigte Partnerschaft, bis Piëch Volkswagen anwies, das von seinem Großvater gegründete Unternehmen zu kaufen. Die Marke Bugatti wurde 2005 in Gestalt des 1200 PS starken Veyron mit beispielloser technischer Kühnheit wiederbelebt. Die Entwicklung seines 16-Zylinder-Motors, in ungewöhnlicher W-Konfiguration angeordnet und mit vier Turboladern ausgestattet, leitete Piëch persönlich. Die von 2001 bis 2016 gebaute Oberklassenlimousine Phaeton bewies, dass man in einem Volkswagen auch sehr abgehoben unterwegs sein konnte.

Aber man hatte zu hoch gepokert. Volkswagen wurde zum Gegenstand eines der größten Skandale der Automobilgeschichte. Anders als die Konkurrenz verzichtete VW in den 2000er Jahren auf den Einsatz der immer beliebter werdenden Benzin-Elektro-Hybridantriebe und setzte stattdessen auf den Turbodiesel (TDI). Das Unternehmen behauptete, die TDIs kämen mit weniger als 5 Liter Diesel pro 100 km aus und seien leistungsstärker und laufruhiger denn je – ohne das Nageln und die schwarzen Rauchwolken der Dieselmotoren von früher. Aber das war gelogen. Im Jahr 2015 deckte eine Untersuchung der US-Umweltschutzbehörde EPA auf, dass in Millionen von VW- und Audi-Fahrzeugen eine „Schummelsoftware“ installiert worden war, die bei den routinemäßigen Abgastests bestimmte Ergebnisse vortäuschte, während die Fahrzeuge im Alltagsbetrieb diese Werte um den Faktor 40 übertrafen. Die Folgen waren katastrophal: Volkswagen zahlte 14,7 Milliarden Dollar, um sich mit den Bundesbehörden zu einigen, Führungskräfte wanderten hinter Gitter, und Hunderttausende Fahrzeuge wurden von ihren Besitzern zurückgegeben und anschließend verschrottet.

Ein kleineres, weniger starkes Unternehmen wäre daran zerbrochen, doch Volkswagen schaffte das Comeback. Im Jahr 2020 begann der Konzern mit der ID.-Serie den Übergang zur vollelektrischen Mobilität. Eines der auffälligsten Modelle ist der ID. Buzz – eine farbenfrohe Neuinterpretation des Bulli. Seine fröhliche Ausstrahlung verkörpert das Beste der Marke. Diese neuen Entwicklungen sind ein Beweis dafür, dass ein Volkswagen gerade durch seine Alltäglichkeit ein Gefühl von Zeitlosigkeit vermittelt, das weltweit Anklang findet.

Der Bulli war untrennbar mit den Hippies und der Babyboomer-Generation verbunden. Heute haben gut erhaltene Exemplare einen hohen Sammlerwert.

PORSCHE 356

Der erste Porsche fuhr von einem Sägewerk im ländlichen Österreich an die Spitze der Sportwagenwelt.

Für den Ingenieur Ferdinand Porsche Sr. und seinen Sohn „Ferry" Porsche war der 356 eine Art Genesis: das erste Auto, das den Familiennamen trug. Von klein auf brachte der ältere Porsche seinem Sohn alles bei, was er wusste. Ferry lernte mit zehn Jahren das Autofahren und fuhr mit zwölf sein erstes Rennen. Gemeinsam entwickelten Vater und Sohn das „Volksauto", den Volkswagen Typ 1 – den späteren Käfer. Porsche zeichnete außerdem verantwortlich für die mächtigen Auto-Union-Rennwagen, die in erbitterter Konkurrenz mit den Mercedes-Benz-Silberpfeilen um den Stolz Deutschlands rangen. Als der Zweite Weltkrieg ausbrach, entwarf und baute Porsche Panzer wie den Tiger und den Elefant, Letzterer erhielt sogar den Spitznamen „Ferdinand". Nach Kriegsende verhafteten französische Behörden Vater und Sohn wegen Kriegsverbrechen. Ferry wurde nach sechs Monaten freigelassen, während sein Vater zwei Jahre in Haft blieb – währenddessen eine Zusammenarbeit mit Renault über die Übernahme der Volkswagen-Produktion scheiterte.

So lag es an Ferry, das Unternehmen weiterzuführen. Schon 1944 hatte er den Firmensitz nach Gmünd in Österreich verlegt, da das Porsche-Werk in Stuttgart durch alliierte Bombenangriffe schwer beschädigt worden war. Ein innovativer Allrad-Rennprototyp für Cisitalia verlief im Sande, trug jedoch bereits den Porsche-Namen und zeugte von der technischen Kompetenz der Firma. Als er scheinbar nichts mehr zu verlieren hatte, verwirklichte Ferry den Traum seines Vaters: die Produktion eines eigenen Sportwagens.

Der 356/1 nutzte Motor und Fahrwerk des Käfers. Der 1,1-Liter-Motor war mittig vor der Hinterachse platziert – eine für die damalige Zeit exotische Abkehr vom Volkswagen-Konzept. Schnell zeigte sich jedoch, dass das Mittelmotorkonzept Nachteile hatte: Die Kühlung war schwierig, das Schaltgestänge war im Weg und der Motor schränkte den Platz im Innenraum ein. Daher kehrte Porsche beim Serienmodell des 356 zum Heckmotor zurück – was fast 50 Jahre Bestand hatte.

Die Mittelmotorbauweise des ersten 356 beeinflusste auch sein Design. Chassis und Karosserie wurden von Hand gefertigt – aus Aluminium gehämmert auf einem Holzgerüst –, die Linien vom Cockpit bis zum sanft abgerundeten Heck glatt und stromlinienförmig. Front und Heck waren beinahe symmetrisch, mit leicht ansteigenden Rundungen, die die „Schultern" des 356/1 betonten. Zwei parallele Chromleisten an der Front durchbrachen eine ansonsten fast gesichtslose Silhouette, die auf beiden Seiten von den markanten „Käfer"-Scheinwerfern abgeschlossen wurde.

Ferry und sein Designer Erwin Komenda bauten zunächst nur einen Prototyp, bevor sie noch im selben Jahr die leicht überarbeitete Version 356/2 entwickelten. Diese wirkte höher, mit stärker ausgeprägtem Höhenunterschied zwischen Kotflügeln und gewölbter Haube. Das Heck fiel nun flacher ab, mitsamt einer Haube für den Motor. Der 356/2 brachte auch das erste Coupé mit rundem „Fastback"-Heck – ein Formmerkmal, das sich im 911 bis heute fortsetzt. Coupé und Cabriolet gingen noch im selben Jahr in Serienproduktion, jedes Exemplar sorgfältig von Hand in Gmünd gefertigt.

Der 356 wurde bei Privatrennfahrern schnell beliebt. Porsche kehrte nach Deutschland zurück, und Ferry konnte sich mit seinem Erfolg endlich von der Vergangenheit lösen – und den Traum verwirklichen, ein eigenes Unternehmen zu führen: nicht für die Nazis, nicht für die Franzosen, sondern ganz für die eigene Familie.

PORSCHE

PORSCHE 356

Hersteller: Porsche
Designer: Ferry Porsche / Erwin Komenda
Produktionsjahre: 1948–1965
Motor: 1086 cm^3 Typ 369 Boxermotor mit untenliegender Nockenwelle (1948–1953)
Getriebe: 4-Gang-Schaltgetriebe
Maximale Leistung: 40 PS
Maximales Drehmoment: 70 Nm
Gewicht: 810 kg
Leistung / Gewicht: 49 PS / t
0–100 km / h: 13,9 Sek.
Höchstgeschwindigkeit: 140 km / h
Neupreis: 10 000 DM

Es begann mit Technik von VW, jedoch unter einer stromlinienförmigen, von Hand geformten Karosserie aus Aluminium. Erwin Komenda gab dem Porsche 356/2 Coupé seine unverwechselbare Form, die im 356 und später im 911 fortgeführt wurde.

„PORSCHE KEHRTE BEIM SERIENMODELL DES 356 ZUM HECKMOTOR ZURÜCK – WAS FAST 50 JAHRE BESTAND HATTE."

1950er

DER LANGE WEG ZUM WIEDERAUFBAU

Am Scheideweg des Kalten Krieges halfen die ehemaligen Feinde, den Industriestandort Deutschland wiederzubeleben.

Am Ende des verheerendsten Krieges, den die Welt je gesehen hatte, lag Deutschland in Trümmern. Das Land war geteilt, ebenso seine Hauptstadt. Städte waren dem Erdboden gleichgemacht, Millionen hatten ihr Zuhause verloren, und Wochenschauaufnahmen der Alliierten machten das ganze Ausmaß der Gräueltaten in den Konzentrationslagern öffentlich. Die Vertreibung von Wissenschaftlern, Gelehrten, Schriftstellern und Künstlern während des Krieges hatte das intellektuelle Gefüge des Landes tiefgreifend verändert. Zu guter Letzt rekrutierte die US-Armee im Rahmen der Operation Paperclip Wissenschaftler und Ingenieure, die die verheerend effektive V2-Rakete entwickelt hatten, für die amerikanische Militärforschung, ohne dass Fragen zu ihrer Vergangenheit gestellt wurden. Der brillante Wernher von Braun war der „Hauptgewinn" dieser Aktion.

Nach der Kapitulation Deutschlands am 8. Mai 1945 teilten die vier großen Alliierten – USA, Frankreich, Großbritannien und die Sowjetunion – Deutschland in vier Zonen auf. Die drei Westmächte legten 1948 mit dem Marshallplan, einem 13 Milliarden Dollar schweren Wirtschaftshilfeprogramm, den Grundstein zum Wiederaufbau Europas. Diesem folgte 1951 die Gründung eines gemeinsamen europäischen Marktes, der Deutschlands Aufstieg zum „Exportweltmeister" ebnete. Im Gegensatz dazu verfolgte die Sowjetunion eine andere Strategie. Sie demontierte wesentliche Teile der ostdeutschen Industrie, und das, was übrigblieb, wurde verstaatlicht. Das folgende Wettrüsten zwischen West und Ost sollte als Kalter Krieg die Weltpolitik bis nahezu zum Ende des 20. Jahrhunderts prägen.

Unabhängig davon, auf welcher Seite des Eisernen Vorhangs man sich befand, gab es eine universelle Wahrheit: Die Welt musste wieder mobil werden. Da Material und Treibstoff zunächst knapp waren, erfanden ehemalige Flugzeughersteller eine Übergangslösung in Form von Kleinstwagen – winzige Automobile, die mit cleverer Technik maximale Effizienz bei minimalem Verbrauch ermöglichten. Bemerkenswerte Beispiele sind der Messerschmitt KR200 Kabinenroller, in dem zwei Personen hintereinander unter einer Art Pilotenkuppel Platz fanden, das Goggomobil (oder kurz „Goggo"), eine Limousine im Miniformat, und die BMW Isetta, das bekannteste aller

Der beliebte Komiker und Musiker Heinz Erhardt präsentiert 1957 das Goggomobil, ein Kleinstwagen des Motorrollerherstellers Glas. *Gegenüber:* Eine amerikanische Broschüre wirbt 1955 für Reisen nach Deutschland.

Mit dem Mercedes-Benz W196 Silberpfeil wurde Juan Manuel Fangio 1955 Formel-1-Weltmeister.

Rechts: Die Glienicker Brücke zwischen West-Berlin und Potsdam war nach dem Mauerbau mehrfach Schauplatz des Agentenaustausches zwischen Ost und West.

„DER ERFOLG VON VOLKSWAGEN, BMW UND MERCEDES-BENZ LEGTE DEN GRUNDSTEIN FÜR DEN BIS HEUTE GLÄNZENDEN RUF DES DEUTSCHEN INGENIEURWESENS.“

Kleinstautos, mit einer einzelnen Vordertür, die sich wie bei einem Kühlschrank zur Seite öffnete (was irgendwie schlüssig war, stellte der italienische Entwickler Iso doch eigentlich Küchengeräte her).

Die Massenproduktion wurde in dieser Zeit zum Motor der westdeutschen Wirtschaft. 1948 rollte der erste Käfer vom Band, in der vormaligen „Stadt des KdF-Wagens“, einer Fabrikstadt mit 17 000 Einwohnern, die nun in Wolfsburg umbenannt wurde. Ursprünglich hatten die britischen Besatzer den KdF-Wagen als technisch unzulänglich abgelehnt. Das Ende für Volkswagen schien besiegelt, wenn nicht ein Major namens Ivan Hirst die Fabrik wieder in Betrieb genommen hätte, um dort Armeefahrzeuge bauen zu lassen. 1955 produzierte das riesige Werk in Wolfsburg den millionsten Käfer.

Damit war Westdeutschland wieder auf der Erfolgsspur. Die winzige Isetta rettete den BMW-Standort München und ermöglichte es dem Unternehmen, wieder luxuriöse Limousinen zu bauen. Ferdinand Porsche, der Entwickler des Käfers, gab sein Ingenieurwissen an seinen Sohn „Ferry“ Porsche weiter. In Gmünd (Österreich) und später in Stuttgart entwickelte Ferry den Porsche 356 auf Basis von VW-Technik. Es war der Anfang einer Erfolgsgeschichte, die Porsche zu einem der weltweit führenden Sportwagenhersteller machte.

Mercedes-Benz kehrte fulminant in die Welt der Grand-Prix- und Langstreckenrennen zurück. Stirling Moss und Denis Jenkinson brachen bei der Mille Miglia 1955 Rekorde, während Juan Manuel Fangio, einer der größten Rennfahrer aller Zeiten, mit dem W196 zwei Weltmeistertitel in Folge errang – zwei seiner insgesamt fünf. Mercedes hätte mit dem W196 und dem noch schnelleren SLR weiter Rennen gewinnen können, hätte sich 1955 nicht die Katastrophe von Le Mans ereignet, bei der 83 Zuschauer und der Fahrer Pierre Levegh ums Leben kamen. Mercedes kehrte erst vier Jahrzehnte später in den Rennsport zurück.

Der Erfolg dieser drei Marken – Volkswagen, BMW und Mercedes-Benz – legte den Grundstein für den bis heute glänzenden Ruf des deutschen Ingenieurwesens, das seine Fähigkeiten nun auch im zivilen Fahrzeugbau unter Beweis stellen konnte. Max Hoffman, ein Autoimporteur österreichischer Herkunft, der in seinem Showroom in Manhattan wohlhabenden Kunden europäische Luxusautos vorstellte, hatte daran einen nicht unerheblichen Anteil. Er schlug Porsche vor, eine abgespeckte Version des 356 zu entwickeln, die als Speedster bekannt wurde, und überzeugte BMW, einen V8-Motor in einen Roadster einzubauen, woraus der 507 hervorging. Zudem veranlasste es Mercedes-Benz, mit dem 300 SL ein rennsportbasiertes Fahrzeug für Gentlemen-Fahrer auf den Markt zu bringen – den ersten echten Supersportwagen.

Diese Welle des Optimismus hielt bis weit ins Weltraumzeitalter hinein an. Angetrieben wurde sie von den begabten Innovationen der Wissenschaftler, die sich nun stolz zu den USA bekannten, um sich nicht Fragen nach ihrer Vergangenheit ausgesetzt zu sehen, oder, schlimmer noch, als Agenten der immer mächtiger werdenden Sowjetunion zu gelten.

MERCEDES-BENZ 300 SL

Der 300 SL war der erste moderne Supersportwagen und ging durch ein kultiges Designelement in die Geschichte ein.

„Das ist der beste Serien-Sportwagen der Welt“, schrieb *Sports Cars Illustrated* nach der ersten Probefahrt mit dem Mercedes-Benz 300 SL. 50 Jahre später wählten Automobilexperten den 300 SL zum „Sportwagen des Jahrhunderts“. Er war das schnellste Serienfahrzeug seiner Zeit – ein echter Rennwagen ohne Kompromisse, der die Grundwerte des Sportwagens neu definierte. Und bis heute kann man kaum spektakulärer in ein Auto einsteigen als durch die legendären Flügeltüren eines 300 SL.

Den 300 SL, und andere legendäre europäische Automobile, verdanken wir im Grunde dem US-Importeur Max Hoffman. Alle deutschen Autohersteller versuchten in den 1950er Jahren in Amerika Fuß zu fassen, und Hoffman hatte den richtigen Riecher dafür, was auf dem amerikanischen Markt funktionieren würde. 1953 überzeugte er Mercedes, einen Sportwagen auf Basis des W194 zu bauen – jenes Grand-Prix-Fahrzeugs, mit dem die Silberpfeile auf die Rennstrecke zurückgekehrt waren.

Der Rennsport-Ingenieur Rudolf Uhlenhaut hatte den W194 für die Saison 1952 entwickelt. Es war sein Meisterwerk: Uhlenhaut legte größten Wert auf Aerodynamik und Gewichtsersparnis: Das Gitterrohr-Chassis wog nur 64 Kilogramm und wurde von einer eleganten Aluminiumkarosserie umhüllt, an der nichts überflüssig war. Um eine flachere Karosserie zu ermöglichen, wurde der Reihensechszylinder aus der Mercedes-Benz 300 Limousine um 50 Grad geneigt eingebaut. Obwohl der W194 gegenüber Ferrari und Jaguar weniger Leistung hatte, führte ihn seine „Super Leicht“-Philosophie zu Siegen beim 24-Stunden-Rennen von Le Mans, auf dem Nürburgring und bei der Carrera Panamericana.

Nur fünf Monate nach Hoffmans Initiative wurde der 300 SL zur Serienreife gebracht. Auf der New York International Auto Show verpasste man ihm noch einige Designänderungen: Scheinwerfer und Kühlergrill wurden leicht nach vorn geneigt, die seitlichen Lüftungsschlitze hinter den Vorderrädern erhielten verchromte Zierleisten, und zwei Wölbungen auf der Motorhaube betonten die Länge des Wagens. Und die markanten „Augenbrauen“ über den Vorderrädern sollten verhindern, dass Wasser auf die Windschutzscheibe spritzte – während die an den Hinterrädern nur der Symmetrie dienten.

Das Interieur spiegelte den gewohnten Luxus von Mercedes wider: passende Kofferset-Optionen, karierte oder tartanartige Polsterstoffe, ein Becker Mexico Radio und ein neigbares Lenkrad, das den Einstieg über die lederverkleideten Türschweller erleichterte. Herzstück des Fahrzeugs blieb das imposante Gitterrohr-Chassis, dessen Rohre bis zur Mitte der Fahrzeugflanken reichten, weswegen die nach oben schwingenden Türen erforderlich wurden. Technisch änderte sich unter der Karosserie kaum etwas – mit einer nicht unerheblichen Ausnahme: Dank Benzineinspritzung leistete der 300 SL nun 65 PS mehr als sein Vorgänger von 1952, was ihm eine Höchstgeschwindigkeit von 257 km/h ermöglichte.

Der 300 SL wurde zum Renner in den USA, wohin 80 Prozent der Produktion verkauft wurden. Er sprach eine aufstrebende Klasse wohlhabender Amerikaner an und etablierte Mercedes-Benz als Hersteller erstklassiger Fahrzeuge in jeder Kategorie, nicht nur bei den Luxuslimousinen. Mercedes-Benz hatte mit dem 300 SL viel gewagt und alles gewonnen. Gemeinsam mit dem Porsche 356 Speedster und dem BMW 507, die ebenfalls auf Hoffmans Initiative hin entstanden, prägte er die automobile Kultur nachhaltig. Und einmal mehr hatte Max Hoffman recht behalten.

Automobilhistoriker betrachten den 300 SL als ersten echten Supersportwagen – und das aus gutem Grund: Im Kern war er ein reinrassiger Rennwagen mit einem Interieur aus Leder. Ein schwenkbares Lenkrad erleichterte das Ein- und Aussteigen und kompensierte die hohen und breiten Türschweller des Gitterrohrrahmens.

EING

Mit seinen nach oben schwingenden Flügeltüren sah der 300 SL aus wie kein anderes Fahrzeug auf der Straße. Das Verdienst hierfür gebührt dem Autoimporteur Max Hoffman, der durchsetzte, dass Mercedes-Benz seine Rennsporterfolge in amerikanische Showrooms brachte und so eine Ikone schuf.

„MIT DEM 300 SL ETABLIERTE MERCEDES-BENZ SICH ALS HERSTELLER ERSTKLASSIGER FAHRZEUGE IN JEDER KATEGORIE – NICHT NUR BEI DEN LUXUSLIMOUSINEN.“

MERCEDES-BENZ 300 SL „FLÜGELTÜRER“

Hersteller: Mercedes-Benz
Designer: Friedrich Geiger
Produktionsjahre: 1954–1957
Motor: 2996 cm³ M198 SOHC-Reihen-6-Zylinder
Getriebe: 4-Gang-Schaltgetriebe
Maximale Leistung: 243 PS
Maximales Drehmoment: 294 Nm
Gewicht: 1295 kg
Leistung / Gewicht: 188 PS / t
0–100 km / h: 7,4 Sek.
(je nach Hinterachsübersetzung)
Höchstgeschwindigkeit: 257 km / h
(mit niedrigster Hinterachsübersetzung)
Neupreis: 29 000 DM

ZEITALTER DER KLEINSTWAGEN

Als Übergangslösung der Automobilproduktion waren Kleinstwagen eine Kombination aus extremer Effizienz und Skurrilität.

Kuriose Kleinstwagen waren im Europa der Nachkriegszeit eine Notwendigkeit, um möglichst viele Menschen möglichst schnell mobil zu machen. Dafür war kreative Ingenieurskunst gefragt. Praktisch jeder Antrieb konnte funktionieren, doch Motorradmotoren unter 700 cm^3 waren besonders günstig und einfach zu bauen. Dreirädrige Versionen galten zudem als Motorräder, was mehr Menschen den Erwerb einer Fahrerlaubnis ermöglichte. Dennoch boten sie die Vorteile eines geschlossenen Autos – einen gewissen Schutz vor Wind und Wetter sowie Platz für Einkäufe, Gepäck oder sogar eine kleine Familie.

Hersteller wie BMW, Heinkel und Messerschmitt, die während des Zweiten Weltkriegs Flugzeuge gebaut hatten, durften nach Kriegsende keine Rüstungsgüter mehr produzieren. Stattdessen widmeten sie sich dem Automobilbau. Die Fahrzeuge dieser unmittelbaren Nachkriegszeit wiesen daher viele Designmerkmale auf, die aus der Luftfahrt stammten, und wurden bedingungslos auf Effizienz getrimmt. Die gläserne Kuppel des Messerschmitt KR200 Kabinenrollers erinnerte an das Cockpit der Me 262, des ersten Düsenjägers der Welt. Es öffnete sich seitlich, sodass zwei Personen hintereinander Platz fanden. Der Heinkel Kabine verfügte über eine nach vorn öffnende Tür und einen geräumigen, fast komplett verglasten Innenraum für zwei Personen. Seine Karosserie lief auf drei Seiten spitz zu einem einzelnen Hinterrad zu. Noch eigenwilliger gestaltet war das stromlinienförmige Fuldamobil NWF 200: wie ein liegendes Ei mit winzigen verchromten Rädern, die aus dem Boden ragten, und zwei Frontscheinwerfern auf kegelartigen Kotflügeln.

Der erfolgreichste Vertreter dieser Gattung war jedoch die Isetta. Mit einer hervorstehenden Kühlschranktür, flankiert von winzigen Scheinwerfern auf schmalen Kotflügeln, sah sie aus wie kein anderes Auto – und schon gar nicht wie die bald erscheinenden Fiat 500 oder Austin Mini, die zudem deutlich teurer waren. Der italienische Hersteller Iso wollte vor allem, dass sich das Auto möglichst „normal" anfühlte, und tatsächlich war die Isetta erstaunlich praktisch: Zwei Personen saßen nebeneinander auf einer Bank, und das Lenkrad schwang beim Öffnen der Tür mit zur Seite, was das Einsteigen erleichterte. Wie bei einem normalen Auto gab es gute Sicht und Platz für Gepäck – und wie bei einem Sportwagen machte das Fahren richtig Spaß. Iso setzte die Isetta sogar 1954 bei der Mille Miglia ein, um zu sehen, wie sie sich schlug. Mit einer Durchschnittsgeschwindigkeit von 69 km/h belegten alle drei Isettas den ersten Platz in ihrer Klasse.

Der Heinkel 154 Kabine und der Messerschmitt KR200 Kabinenroller – zwei der dreirädrigen Kleinstwagen.

BMW übernahm die Isetta, und Iso überarbeitete sie für westdeutsche Straßen – mit eigenen, leistungsstärkeren Motorradmotoren, einer ausgeklügelten Federung und Features wie Elektrostart und Klimaanlage. Bei ihrer Vorstellung im April 1955 pries BMW sie als Auto an, das billiger, sicherer und komfortabler sei als ein Motorroller. Mit über 160 000 gebauten und verkauften Exemplaren weltweit rettete die Isetta BMW vor dem drohenden Bankrott und ebnete den Weg für den modernen BMW 700 und schließlich für die berühmte Neue Klasse – ein Beweis dafür, dass innovative Ingenieurskunst viele Formen und Größen haben kann.

Die unter Lizenz des italienischen Herstellers Iso produzierte BMW Isetta war der erfolgreichste Kleinstwagen der Ära und rettete BMW vor dem Bankrott.

BMW 507

Das Traumauto, das beinahe den Untergang des Unternehmens besiegelte, definiert heute dessen DNA.

BMW befand sich in den 1950er Jahren in einer prekären Lage. Nachdem das Unternehmen einst bei der Mille Miglia Triumphe gefeiert und sich als führender Hersteller von Flugzeugmotoren und Motorrädern etabliert hatte, lagen seine deutschen Produktionsstätten nach dem Krieg in Trümmern oder waren von den Sowjets besetzt. Der Plan, die Produktion wieder anzukurbeln, manifestierte sich im 501 mit seinem völlig neuen Design, das jedoch die fließenden Linien, wuchtigen Kotflügel und die aufrechte Eleganz der Modelle der Vorkriegszeit beibehielt. Die Öffentlichkeit verpasste den 501-Limousinen und -Cabriolets den Spitznamen „Barockengel" – eine Anspielung auf ihre klassische Ästhetik, aber vielleicht auch eine Kritik an ihrer altmodischen Erscheinung.

Die Lösung für BMWs Überleben am Markt lag in Amerika. Max Hoffman, Importeur und Unternehmer in New York, hielt den Schlüssel zur Neuen Welt in der Hand. Er schlug einen Roadster nach demselben Erfolgsrezept, das bereits den Porsche 356 Speedster und den Mercedes 300 SL populär gemacht hatte, vor. Der BMW sollte leistungsstärker als der Porsche, aber günstiger als der Mercedes sein. Hoffman wandte sich an seinen Freund Albrecht von Goertz, der in Amerika beim berühmten Raymond Loewy Industriedesign studiert hatte.

Flach, schlank und kurvenreich, mit einer an italienische Roadster-Proportionen erinnernden Silhouette, ähnelte der 507 nicht im mindesten seinen barocken Geschwistern. Von Goertz' Begeisterung für Hot Rods und aerodynamische Formen zeigte sich in jeder Linie. Fast das gesamte Fahrzeug bestand aus Aluminium: sowohl die Karosserie als auch der 3,2-Liter-V8-Motor, der über 150 PS leistete. Bei der Vorstellung im Waldorf Astoria in Manhattan versprach Hoffman, 5000 Exemplare zum Preis von 5000 Dollar zu verkaufen.

Es war nicht das erste Mal, dass sich der große Stratege Hoffman überschätzte. Der endgültige Preis lag schließlich bei fast dem Doppelten, und in den drei Produktionsjahren wurden lediglich 252 Exemplare verkauft. Diese mageren Produktionszahlen und die hohen Kosten bedeuteten, dass BMW mit jedem verkauften Wagen Verluste einfuhr. Zeitgleich brachte BMW das elegante Coupé 503 auf den Markt, das ebenfalls von Goertz entworfen hatte. Die komplexe Produktion beider Modelle brachte das Unternehmen an den Rand des Ruins.

Doch Prominente verliebten sich in die anmutigen Linien des Wagens und die geschmeidige Kraftentfaltung von BMWs erstem V8-Serienmotor. Einer der berühmtesten Besitzer war Elvis Presley, der sich während seines Militärdienstes in Deutschland einen weißen 507 zulegte. Angeblich ließen weibliche Fans ihm immer wieder ihre Telefonnummern mit Lippenstift auf dem Auto zurück, woraufhin er es kurzerhand rot lackieren ließ. Er schenkte einen 507 sogar seiner Filmpartnerin Ursula Andress, dem späteren Bond-Girl.

Der 507 bleibt bis heute ein unauslöschlicher Bestandteil der BMW-Geschichte und beeinflusste jeden Sportwagen, den das Unternehmen seitdem entwickelt hat – insbesondere den Z8, eine Retro-Neuinterpretation, die ebenfalls eine Verbindung zum James-Bond-Mythos erhielt. Angesichts dieser historischen Bedeutung ist es kein Wunder, dass erhaltene 507er heute für über 2 Millionen Euro gehandelt werden und BMW keine Mühen scheute, Elvis' Originalwagen wiederzufinden und mit akribischer Präzision zu restaurieren.

5 BMW

Mit einem Design von Albrecht von Goertz verkörperte der V8-Roadster das sportliche Comeback von BMW in der Nachkriegszeit. 2016 entdeckte die BMW Group Classic den 507 von Elvis wieder und restaurierte ihn in seiner ursprünglichen weißen Lackierung. Dabei wurde der Chevrolet-V8, der Jahrzehnte zuvor eingebaut worden war, durch einen originalen BMW-Motor ersetzt.

„DER 507 BLEIBT BIS HEUTE EIN UNAUSLÖSCHLICHER BESTANDTEIL DER BMW-GESCHICHTE UND BEEINFLUSSTE JEDEN SPORTWAGEN, DEN DAS UNTERNEHMEN SEITDEM ENTWICKELT HAT."

BMW 507

Hersteller: BMW
Designer: Albrecht von Goertz
Produktionsjahre: 1956–1959
Motor: 3168 cm³ V8
Getriebe: 4-Gang-Schaltgetriebe von ZF
Maximale Leistung: 150 PS
Maximales Drehmoment: 235 Nm
Gewicht: 1300 kg
Leistung / Gewicht: 115 PS / t
0–100 km / h: 11,1 Sek.
Höchstgeschwindigkeit: 196 km / h
Neupreis: 26 500 DM

MERCEDES-BENZ 300 SLR

Das „Uhlenhaut-Coupé“ hätte das fortschrittlichste Straßenauto seiner Generation sein können.

Rudolf Uhlenhaut, Leiter der Rennabteilung von Mercedes-Benz, galt als Ingenieur der Fahrer. Uhlenhaut und sein Starfahrer Rudolf Caracciola standen in 1930er Jahren der mächtigen Auto Union und ihrem scheinbar unbesiegbaren Bernd Rosemeyer gegenüber. Uhlenhaut selbst fand seinen Gegenspieler im jungen Ferdinand Porsche. Um Caracciola bei Laune und Rosemeyer in Schach zu halten, entwickelte Uhlenhaut den 306 km/h schnellen W125, der 1937 und 1938 gleich zwei Meisterschaften gewann und Rosemeyer in seine Schranken wies.

Als der Rennsport nach dem Krieg wieder aufgenommen wurde, leitete Uhlenhaut die Entwicklung des berühmten 300 SL. Wo es dem Wagen an der Kompressoraufladung oder an PS mangelte, machte er dies durch Leichtbau wieder wett: Uhlenhaut entwarf ein Gitterrohrrahmen-Chassis, das so leicht war, dass ein einziger Arbeiter es durch die Fabrikhalle tragen konnte.

Die Siege des 300 SL bei der Carrera Panamericana und dem 24-Stunden-Rennen auf dem Nürburgring bei seinem Debüt stellten die Genialität des Konstrukteurs unter Beweis. Für die Mille Miglia 1955 wurde eine noch aggressivere Variante entwickelt, der 300 SLR, in der Stirling Moss und Denis Jenkinson das Ziel mit einer Durchschnittsgeschwindigkeit von 161 km/h erreichten – eine halbe Stunde vor dem Zweitplatzierten Juan Manuel Fangio. Eine Variante des 300 SLR mit freistehenden Rädern, der W196, dominierte 1955 mit Fangio am Steuer sämtliche Grand-Prix-Rennen. Beim Grand Prix auf dem Nürburgring beklagte sich der Weltmeister über das Fahrgefühl in seinem W196. Uhlenhaut sprang kurzerhand in Anzug und Krawatte ins Auto, drehte eine Runde auf der zermürbenden 23-Kilometer-Strecke – und war drei Sekunden schneller als Fangio. Danach sagte er zu Fangio: „Du solltest ein bisschen mehr üben.“

Uhlenhaut wurde zum faktischen Herrscher des Mercedes-Rennstalls, eine Art Stuttgarter Enzo Ferrari. Als Uhlenhaut die Idee vorbrachte, ein 300 SLR Coupé in Serie zu produzieren, regte sich folglich kein Widerspruch. Aerodynamischer als der 300 SLR ohne Dach und für kompromisslose Leistungen abseits der Rennstrecke konzipiert, sollte es die Lücke zwischen Moss' siegreichem SLR und dem 300 SL „Flügeltürer“ schließen. Sein erster Einsatz war für die Carrera Panamericana geplant, danach sollte es die Siegesserie der Silberpfeile auf den Rennstrecken der Welt fortsetzen. Doch es kam anders: Beim 24-Stunden-Rennen von Le Mans kam es zu einem tragischen Unfall: Pierre Leveghs 300 SLR verunglückte, 83 Zuschauer auf der Tribüne starben. Noch im selben Jahr verbot die mexikanische Regierung die Carrera Panamericana aufgrund steigender Todeszahlen. Mercedes-Benz zog sich für fast vier Jahrzehnte aus allen Motorsportaktivitäten zurück.

So bekam das nach Uhlenhaut benannte 300 SLR Coupé nie die Gelegenheit, sich bei Langstreckenrennen zu beweisen. Gefahren wurde es trotzdem: Uhlenhaut nutzte eines der beiden Coupés als Dienstwagen, um zwischen München und Stuttgart zu pendeln. Normalerweise braucht man man für die 220 Kilometer lange Strecke rund zweieinhalb Stunden. Uhlenhaut schaffte es in einer Stunde – er war spät dran für einen Termin.

Im Jahr 2022 wurde eines der beiden Autos in der Obhut von Mercedes-Benz für 135 Millionen Euro versteigert und war damit das teuerste jemals verkaufte Auto. Mit dem Geld richtete Mercedes ein Stipendienprogramm für angehende Ingenieure ein. Vielleicht bedeutet dies, dass ein künftiger Uhlenhaut des 21. Jahrhunderts in naher Zukunft das schnellste und seltenste Auto der elektrischen Ära konstruieren wird.

Ohne das Desaster von Le Mans 1955 wäre Rudolf Uhlenhauts persönliches Projekt das fortschrittlichste straßentaugliche Auto der Welt gewesen. Aber auch ohne die Möglichkeit, sich bei Langstreckenrennen zu beweisen, war der 300 SLR einfach atemberaubend: schlanker und kompromissloser im Erscheinungsbild als der 300 SL.

Zwei Auspuffrohre ragen wie Kanonen aus beiden Seiten hervor und lassen keinen Zweifel an seinen Rennsportambitionen. Als Antrieb diente der bis zu 310 PS starke Reihenachtzylinder aus dem Rennwagen. Dank seiner aerodynamischen Coupé-Karosserie erreichte er eine Höchstgeschwindigkeit von 290 km/h.

„IM JAHR 2022 WURDE EINES DER BEIDEN AUTOS IN DER OBHUT VON MERCEDES-BENZ FÜR 135 MILLIONEN EURO VERSTEIGERT UND WAR DAMIT DAS TEUERSTE JEMALS VERKAUFTE AUTO."

MERCEDES-BENZ 300 SLR „UHLENHAUT-COUPÉ“

Hersteller: Mercedes-Benz
Designer: Rudolf Uhlenhaut
Produktionsjahr: 1954
Motor: 2981,7 cm³ 8-Zylinder-Reihenmotor mit Direkteinspritzung
Getriebe: 5-Gang-Schaltgetriebe
Maximale Leistung: 302 PS
Maximales Drehmoment: 319 Nm
Gewicht: 880 kg
Leistung / Gewicht: 343 PS / t
0–100 km / h: 7,2 Sek.
Höchstgeschwindigkeit: 290 km / h
Neupreis: unbekannt

VOLKSWAGEN KARMANN GHIA

Der zweite PKW von Volkswagen versprühte den Optimismus der Nachkriegszeit mit italienischem Flair.

„Fast zu schade, einen Volkswagen-Motor einzubauen." So lautete eine der frechen, selbstironischen Printanzeigen für den Volkswagen Karmann Ghia. Es war der zweite PKW, den Volkswagen nach dem Käfer auf den Markt brachte, und es war deutlich ambitionierter. Der Käfer war aus reiner Zweckmäßigkeit geboren. Wohingegen der Karmann Ghia von einem der führenden italienischen Designstudios entworfen und in Handarbeit bei einem der ältesten Karosseriebauer Deutschlands gefertigt wurde. Warum sollte nicht auch Volkswagen ein Stück vom automobilen Ruhm abbekommen?

Luigi Segre von Carrozzeria Ghia war brennend daran interessiert, jenseits der Alpen zu expandieren, während Wilhelm Karmann das Familienunternehmen seines Vaters weiterführen wollte. Beide witterten mit Volkswagen ihre Chance. 1955, nur zehn Jahre nach Beginn der Serienproduktion, hatte Volkswagen bereits den millionsten Käfer produziert. Ein stilvoller Sportwagen war genau das Richtige, um dem neuen Wohlstand und dem höheren Lebensstandard auf beiden Seiten des Atlantiks gerecht zu werden. Karmann und Ghia waren sich einig: Intern würde das neue Auto „Typ 14" heißen, aber der Name „Karmann Ghia" würde gleichermaßen exotisch und einprägsam klingen.

Segre und drei seiner Designer – Mario Boano, Sergio Coggiola und Giovanni Savonuzzi – entwickelten den Karmann Ghia gemeinsam, und alle drei beanspruchten zu erschiedenen Zeiten die Urheberschaft für das Design. Die fließenden Linien, das niedrige, kuppelartige Dach und die weich gezeichneten Kotflügel stellten einen radikalen Bruch mit der inzwischen 20 Jahre alten Käfer-Silhouette dar. Im Grunde war der Karmann Ghia eine kleinere Version des Chrysler D'Elegance, den Ghia in den 1950er Jahren mit dem amerikanischen Hersteller entwickelt hatte – mit gewölbten hinteren Kotflügeln und der nach oben geschwungenen Seitenlinie vor den Hinterrädern. Anders als die Entwürfe von Ghia für Chrysler und Virgil Exner mit ihren markanten, eiförmigen Kühlergrills trat der Karmann Ghia jedoch deutlich zurückhaltender und „sanftmütiger" auf.

Die Karosserie des Karmann Ghia wurde aufwendig von Hand gefertigt: Bleche wurden verschweißt, verschliffen und mit Zinn geglättet – ganz nach klassischer Karosseriebautradition. Die Frontpartie bestand aus fünf separaten Blechen, die sorgfältig geformt und zusammengefügt wurden. Ohne versteckte Schrauben oder Spaltmaße konnte eine Delle, die wie eine Narbe hervorstand, einen Karmann Ghia ruinieren.

Bei seiner Markteinführung 1955 kostete der Karmann Ghia so viel wie zwei Käfer, aber im Vergleich zu allen italienischen Modellen war er geradezu güns-tig. Besonders in den USA, wo der Karmann Ghia den größten Absatz fand, konnte man damit prahlen, einen handgefertigten, italienisch gestylten Flitzer zu fahren. Auch Hot-Rod-Fans fanden in ihm eine stilvollere Basis für den beliebten California-Look: tiefergelegt, umgebaut und individuell gestaltet – alles ging genauso einfach wie beim Käfer. Für Ghia, dessen extravagante Chrysler-Konzepte nie in Serie gingen, dürfte diese Begeisterung eine Genugtuung gewesen sein.

Luhrs Hof
WOB-CP 689
Volkswagen Classic

volkswagen-classic.com
WOB-CP 689
Volkswagen Classic

VOLKSWAGEN KARMANN GHIA TYP 14

Hersteller: Volkswagen / Wilhelm Karmann GmbH (Karosseriebau)
Designer: Luigi Segre / Mario Boano / Sergio Coggiola / Giovanni Savonuzzi für Carrozzeria Ghia
Produktionsjahre: 1955–1974
Motor: 1192 ccm, luftgekühlter 4-Zylinder-Boxermotor (1955–1960)
Getriebe: 4-Gang-Schaltgetriebe
Maximale Leistung: 34 PS
Maximales Drehmoment: 82,4 Nm
Gewicht: 820 kg
Leistung / Gewicht: 41 PS / t
0–100 km / h: 35,5 Sek.
Höchstgeschwindigkeit: 120 km / h
Neupreis: 8250 DM (Cabrio)

Der filigrane Karmann Ghia bot italienisches Design und eine handgefertigte Karosserie für wenig Geld. Die sanft gerundete Front war aus mehreren Blechen zusammengesetzt, was das Auto besonders empfindlich machte. Der vom Käfer übernommene Antrieb stand ein wenig im Widerspruch zum sportlichen Aussehen des Fahrzeugs.

„DIE FLIESSENDEN LINIEN, DAS NIEDRIGE, KUPPELARTIGE DACH UND DIE WEICH GEZEICHNETEN KOTFLÜGEL STELLTEN EINEN RADIKALEN BRUCH MIT DER KÄFER-SILHOUETTE DAR."

PORSCHE

Hinter dem langlebigsten Mythos der Motorsportgeschichte steckt eine erfolgreiche Familiendynastie.

Die Hollywood-Legende James Dean nannte seinen Porsche 550 Spyder „Little Bastard".

Auf der Pariser Weltausstellung 1900 erblickte der Lohner-Porsche im Schein der Lampen, die den Eiffelturm illuminierten, das Licht der Welt. Er wirkte äußerst modern, doch sein innovatives Konzept sollte erst ein Jahrhundert später in Serie gehen: Ein Benzin-Elektro-Hybrid mit mittig platzierten Batterien trieb vier Elektromotoren in den Radnaben an. Es war das Werk von Ferdinand Porsche, der gerade mal 23 Jahre alt war, als er die Weltbühne betrat. „Er ist sehr jung", sagte sein Arbeitgeber Jacob Lohner, „aber er ist ein Mann mit einer großen Zukunft. Sie werden noch von ihm hören." Ferdinands legendäre Karriere begann hier, doch es sollte noch vier Jahrzehnte vergehen, bis er seinen eigentlichen Traum verwirklichen konnte: den Bau eines eigenen Sportwagens. In diesen vier Jahrzehnten festigte er seinen Ruf in Deutschland und Österreich. Für Austro-Daimler entwarf Porsche einen einsitzigen Rennwagen namens Sascha (benannt nach einem Miteigentümer des Unternehmens), der 1922 bei der Targa Florio den ersten und zweiten Platz belegte und dabei fünfmal so starke Konkurrenten schlug. Als Sascha 1929 nicht in Serie ging, gründete der frustrierte Porsche sein eigenes Ingenieurbüro in Stuttgart. Porsche war prädestiniert, das ambitionierte KdF-Wagen-Projekt zu leiten – ein „Volkswagen", der zur neuen Autobahn-Infrastruktur passen sollte. Zeitgleich beauftragte Auto Union ihn mit der Entwicklung eines Grand-Prix-Rennwagens, der gegen Europas Beste – vor allem Mercedes-Benz – bestehen sollte.

Beide Projekte dienten den Nationalsozialisten als Propaganda, doch für Porsche verbanden sie zwei seiner Leidenschaften: ein erschwingliches Auto für die Massen und ein hochentwickelter Rennwagen als Aushängeschild auf der Weltbühne. Diese beiden unterschiedlichen Projekte gipfelten schließlich im 356, dem ersten Auto, das das Porsche-Emblem trug. Doch zunächst wurde Porsche vom Krieg vereinnahmt. Porsche entwickelte Panzer und Artillerie für die Kriegsmaschinerie der Nazis, darunter einen schweren Panzerjäger, der den Spitznamen „Ferdinand" erhielt. Zur gleichen Zeit begann man bei Volkswagen in Wolfsburg mit der Produktion. Seine robuste Plattform machte den Volkswagen in Form des Kübelwagens zu einem hervorragenden Militärfahrzeug, einem deutschen Pendant zum amerikanischen Jeep. Als der Krieg 1945 endete, verhafteten die französischen Behörden wichtige Mitglieder der Familie Porsche und zogen sie wegen Kriegsverbrechen zur Verantwortung. Porsche hätte seine vorzeitige Freilassung erreichen können, indem er für Renault an einem Volksauto arbeitete, aber grundlegende Differenzen und Egos standen dem im Wege.

Hier kam Ferdinands Sohn „Ferry" Porsche ins Spiel. Nach sechs Monaten Haft erreichte er seine Freilassung

Der 356 SC war die letzte Weiterentwicklung des ersten Porsche-Modells. Der 911 stand bereits in den Startlöchern.

Der Targa war mit einem silbern gebürsteten Überrollbügel und einem abnehmbarem Dachteil ausgestattet.

Ferdinand Porsche prägte die Automobilindustrie wie kaum ein anderer. Hier zu sehen bei der Prinz-Heinrich-Fahrt 1910 am Steuer eines Austro-Daimler *(rechts)*.

Weltmeistertitel gekämpft wie Porsche. Beginnend mit dem 550 Spyder versuchten die Rennwagen, Leichtigkeit und Leistung optimal zu kombinieren – ein Vorteil beim späteren Bremsen und schnelleren Herausbeschleunigen aus Kurven gegenüber den stärker motorisierten Jaguars oder Ferraris, denen sie bei Langstreckenmeisterschaften regelmäßig gegenüberstanden.

Ferdinand Porsche senior starb 1951, aber erlebte noch den ersten Klassensieg des 356 bei den 24 Stunden von Le Mans – der Auftakt zu einer Rekordserie von inzwischen 19 Siegen bei dem legendären Langstreckenrennen. Der speziell für diesen Zweck gebaute 917 bescherte Porsche 1970 den ersten Gesamtsieg in Le Mans mit einem spektakulären Dreifachtriumph. In der nahezu unreglementierten Can-Am-Serie brachte der turbogeladene 917K bis zu 1000PS auf die kurvigen Rennstrecken, die ein Viertel der Länge von Le Mans hatten. Die Sportwagenweltmeisterschaft 1976 gehörte dem von Porsche als 935 bezeichneten Modell, einem wilden Langstreckenrennwagen auf der Basis des 911 Turbo

„PORSCHE BLIEB TROTZ VIELER INNOVATIONEN ÜBER DEN GROSSTEIL SEINER GESCHICHTE EIN SEHR TRADITIONSBEWUSSTES UNTERNEHMEN."

gegen Kaution und setzte sich ebenfalls für die Freilassung seines Vaters ein. In der Zwischenzeit übertrug Ferdinand seinem Sohn die undankbare Aufgabe, das Familienunternehmen wieder aufzubauen. Wenn jemand dafür geeignet war, dann Ferry, der an der Seite seines Vaters an verschiedenen Projekten gearbeitet hatte und als Mitentwickler des Käfers galt. Er verlagerte das Unternehmen klugerweise nach Osten, um den Bombenangriffen der Alliierten auf Stuttgart zu entgehen.

In einer Sägemühle in Gmünd, Österreich, begann Ferry mit der Arbeit an dem Sportwagen, den sein Vater einst bauen wollte. Der Porsche 356/1 besaß eine geschmeidige, aerodynamische Karosserie von Erwin Komenda und ein eigens entwickeltes Rohrrahmen-Chassis. Volkswagen-Motoren eigneten sich hervorragend für leichte Sportwagen, das bewährte Heckmotorkonzept wurde beibehalten. Der Erfolg ließ nicht lange auf sich warten: Einer der ersten 50 Prototypen gewann auf Anhieb sein erstes Rennen in Innsbruck. Motorsportfans wurden auf den Porsche aufmerksam.

Kaum ein anderes Unternehmen hat sich so konsequent dem Rennsport verschrieben und so hart um

Die 356-Coupé-Karosserien wurden von Reutter gebaut – ein Unternehmen, das später in Porsche integriert wurde.

Ein Porsche 917 übernimmt 1970 die Führung in Daytona. Im selben Jahr errang der 917K den ersten Sieg für Porsche in Le Mans – filmisch verewigt durch Steve McQueen.

„KAUM EIN ANDERES UNTERNEHMEN HAT SICH SO KONSEQUENT DEM RENNSPORT VERSCHRIEBEN UND SO HART UM WELTMEISTERTITEL GEKÄMPFT WIE PORSCHE."

mit einer extremen Karosserie, die die Grenzen des FIA-Reglements der Gruppe 5 ausreizte und ihm den Spitznamen „Moby Dick" einbrachte.

Im Gegensatz zu den Konkurrenten von Lamborghini oder Ferrari war Porsche stets weniger extravagant und exklusiv, aber technikgetrieben. Gegen Ende der 1980er Jahre bündelte man alles, was man bei Porsche über Turboaufladung, Verbundkarosserien und Allradantriebssysteme (adaptiert aus der Rallye Paris-Dakar) gelernt hatte, in einem technologischen Kraftpaket namens 959. Der 959 und der Ferrari F40 galten als Ikonen ihrer Zeit – der 959 war mit 317 km/h der schnellste Serienwagen der Welt.

Und doch blieb Porsche trotz vieler Innovationen ein sehr traditionsbewusstes Unternehmen. Wie sonst ließe es sich erklären, dass der 911 drei Jahrzehnte lang in seiner Gesamterscheinung mehr oder weniger unverändert blieb? Das verdankte er Ferdinand Alexander Porsche, der den 911 als größere, komfortablere und leistungsstärkere Variante des 356 mit luftgekühltem Sechszylinder konzipierte. Als der 911 im Jahr 1963 debütierte, trug er die klassischen Designelemente des 356 – markante Kotflügel, runde Scheinwerfer, aufrechtstehende Windschutzscheibe, geschwungenes, abfallendes Fließheck – weiter und wurde damit zeitlos.

Es folgten immer schnellere und leistungsstärkere Varianten. Der Porsche Carrera RS von 1972 war der erste 911-Homologationswagen und zeigte, wie wandelbar das Design war. Er war nicht nur der schnellste deutsche Serienwagen, sondern auch der erste mit dem ikonischen „Entenbürzel"-Spoiler. 1974 folgte der 911 Turbo mit seinem „Walflossen"-Heckflügel und einem Turbo, der von unerfahrenen Piloten kaum zu bändigen war – und damit den Mythos Porsche weiter festigte.

Die Wege von Porsche und Volkswagen waren stets eng verbunden – von der Zusammenarbeit am 914 über den 924 und 944 mit Audi-Beteiligung bis hin zur Fusion 2012. Die Einführung wassergekühlter Motoren ab 1998 im 996 wurde von Puristen kritisiert, doch sie ermöglichte moderne Effizienz und Emissionswerte. Auch der Cayenne-SUV war umstritten – rettete aber das Unternehmen finanziell. Dank seines Erfolgs konnte Porsche in die Weiterentwicklung des 911 investieren und sein Flaggschiff mit noch mehr Leistung und Fahrdynamik ausstatten.

Die Treue zur Marke ist legendär: Seit dem ersten 356-Treffen, bei dem Ferdinand Porsche persönlich anwesend war, ist der Enthusiasmus für Porsche ungebrochen, auch oder vor allem in den USA: Zum 75. Jubiläum 2023 kamen über 300 historische Porsche auf die Rennstrecke Laguna Seca in Kalifornien – fast 100 000 Menschen feierten mit. Kaum ein anderer Automobilhersteller sorgt für eine Begeisterung dieses Ausmaßes. Porsche hat sie sich durch jahrzehntelange Siege und Innovationen redlich verdient.

Der Porsche 914 war ein Gemeinschaftsprojekt von Volkswagen und Porsche und als Einstiegsmodell in den Sportwagenbereich gedacht.

PORSCHE 550 SPYDER

Der exotisch motorisierte Rennwagen festigte Porsches Ruf der Unschlagbarkeit.

Als der Porsche 550 1953 vorgestellt wurde, war er weder das erste Modell der aufstrebenden Marke noch der erste Porsche mit Mittelmotor, der an Rennen teilnahm. Aber er schlug ein wie eine Bombe. Die ersten Rennerfolge von Porsche gingen nicht nur auf das Konto des Namensgebers Ferdinand Porsche, sondern auch auf jenes von Walter Glöckler, einem Porsche-Händler und erfolgreichen Motorradrennfahrer, der das Potenzial der Marke erkannte. Er begann, eigene Rennwagen mit Porsche-Komponenten zu bauen, und montierte Rennmotoren in handgefertigte Rohrrahmen und Aluminiumkarosserien, die weniger als eine halbe Tonne wogen. Glöcklers Siege in der Klasse unter 1000 cm^3 – insbesondere gegen Porsche – reichten aus, dass Ferdinand Porsche auf den Tüftler aufmerksam wurde und Glöckler-Porsche-Fahrzeuge finanziell und mit Ersatzteilen unterstützte.

Bis 1953 war Porsche selbstbewusst genug gewesen, einen eigenen Werksrennwagen zu bauen und Glöckler in diesem Spiel zu schlagen. Unter Ferry Porsches Leitung entwarfen die Ingenieure Hermann Ramelow und Ernst Fuhrmann eine wunderschön minimalistische Karosserie, die kein Gramm zu viel auf die Waage brachte. Der 550 wog nur 590 kg und verfügte über ein Stahlrohrchassis, eine Aluminiumkarosserie und Einzelradaufhängungen an allen vier Rädern. Obwohl Ferdinand Porsche mit den stromlinienförmigen Auto-Union-Fahrzeugen der 1930er Jahre Pionierarbeit im Bereich der Mittelmotor-Konstruktion geleistet hatte, blieb dieses Konzept unerprobt. Im Grand-Prix-Rennsport kam ein Mittelmotor-Fahrzeug erst 1960 mit dem Ferrari 246 P F1 zum Einsatz.

Der vor der Hinterachse montierte Motor des 550 war ein echtes Juwel: Der Typ-547-Fuhrmann-Motor hatte nur 1,5 Liter Hubraum, verfügte jedoch über vier obenliegende Nockenwellen und drehte über 7000 U/min. Seine Komplexität war gleichermaßen schwindelerregend wie präzise. Die Porsche-Ingenieure holten 108 PS aus ihm heraus. Porsche-Modelle mit Fuhrmann-Motor, wie der 550 und der 904, erzielten über 1000 Siege, bevor sie zehn Jahre später den Zwölfzylinder-Mittelmotoren des Nachfolgemodells 917 weichen mussten. Der 550 lag extrem niedrig auf der Straße. Dies machten sich Hans Herrmann und sein Beifahrer Herbert Linge bei der Mille Miglia 1954 auf besondere Weise zunutze. Um einen Bahnübergang vor einem herannahenden Zug zu überqueren, zogen sie die Köpfe ein und fuhren mit 160 Sachen unter den Schranken durch.

Der 550 begründete die Legende von Porsche. Er gewann im Mai 1953 das erste Rennen, an dem er teilnahm, das anspruchsvolle Eifelrennen auf dem Nürburgring und fuhr anschließend Klassensiege in Le Mans und bei der Carrera Panamericana ein. Er bescherte Porsche 1956 den ersten Gesamtsieg bei der Targa Florio – ein seit Langem angestrebter Erfolg. Egal wo er antrat, landete der 550 in der Regel unter den ersten drei seiner Klasse. In den USA setzte Porsche-Importeur Max Hoffman auf den 550 (dem er den Beinamen „Spyder" verlieh), um Gentleman-Rennfahrern den Nervenkitzel des Rennsports näherzubringen. Trotz seiner kompromisslosen Ausrichtung verfügte der 550 über Scheinwerfer, Blinker und eine Hupe – damit die feinen Herren auch nach den Rennen wieder nach Hause fahren konnten.

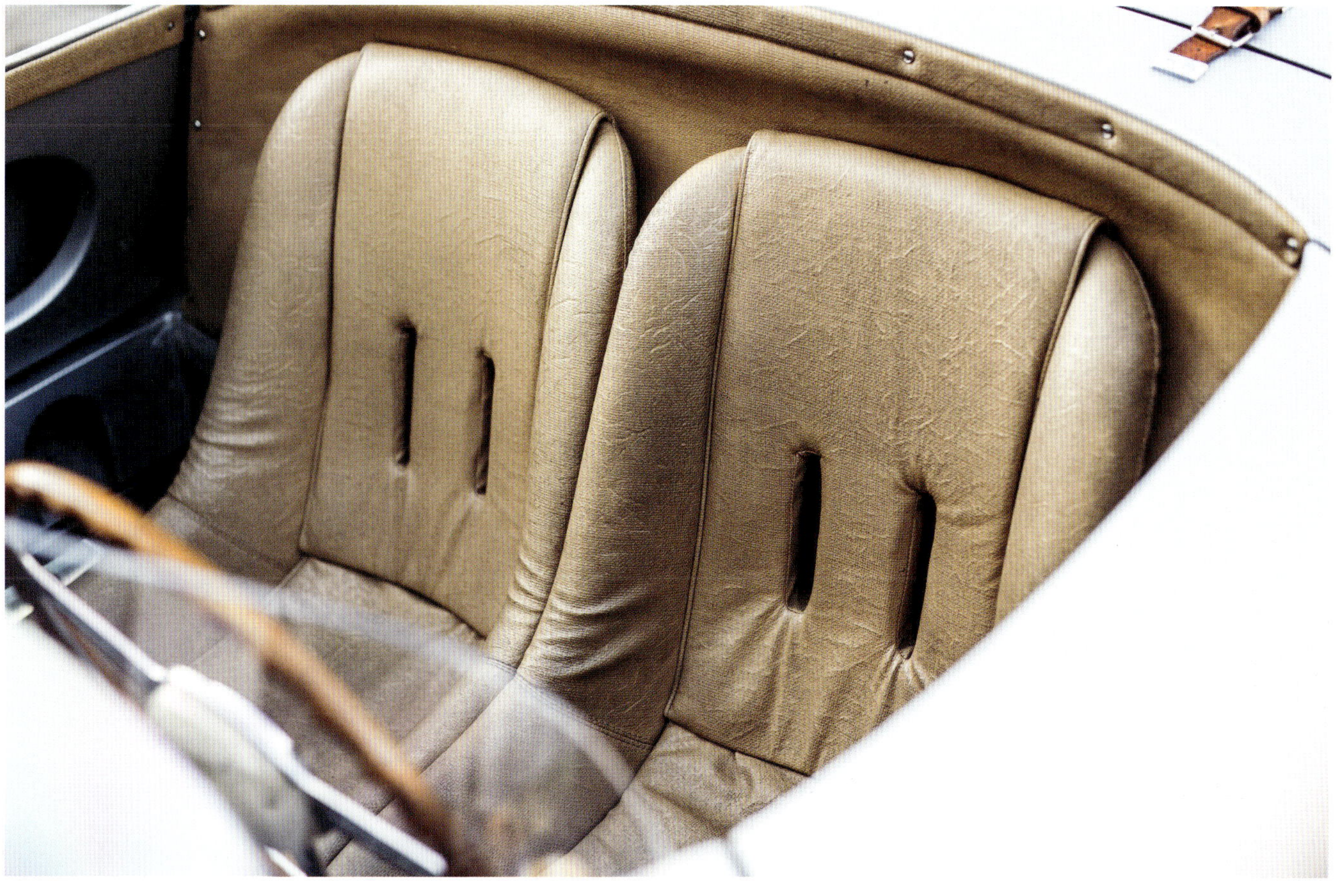

Der 550 Spyder wurde vor allem durch seine Verbindung zum Filmstar James Dean bekannt, der ein begeisterter Porsche-Rennfahrer war. Mit seinem neuen 550 Spyder kam er auf dem Weg zu einem Rennen in Kalifornien bei einem Unfall ums Leben.

Die spärliche Instrumentierung, hohle Türen und eine freiliegende Schaltkulisse verdeutlichten das kompromisslose Streben nach rennentscheidender Leichtbauweise. Der winzige, hochdrehende Typ-547-Motor erwies sich als wahrer Gigantenkiller und war so robust, dass er zehn Jahre lang eingesetzt wurde.

„DER 550 BEGRÜNDETE DIE LEGENDE VON PORSCHE. EGAL WO ER ANTRAT, LANDETE DER 550 IN DER REGEL UNTER DEN ERSTEN DREI SEINER KLASSE.“

PORSCHE 550 SPYDER

Hersteller: Porsche
Designer: Erwin Komenda
Produktionsjahre: 1953–1956
Motor: 1498 ccm Typ 547 DOHC-4-Zylinder-Boxermotor
Getriebe: 4-Gang-Schaltgetriebe / 5-Gang-Schaltgetriebe
Maximale Leistung: 110 PS
Maximales Drehmoment: 121 Nm
Gewicht: 590 kg
Leistung / Gewicht: 186 PS / t
0–100 km / h: 8,2 Sek.
Höchstgeschwindigkeit: 225 km / h
Neupreis: 24 600 DM

MERCEDES-BENZ 190 SL

Dieser elegante Roadster war nicht nur der kleine Bruder des 300 SL, sondern begründete die Tradition der Grand Tourer.

Vergleiche sind unvermeidlich. Als der Mercedes-Benz 190 SL auf der New York Auto Show 1954 neben dem 300 SL debütierte, wirkte er wie das Mauerblümchen zu seinem Flügeltürer-Bruder. Doch der 190 SL war keineswegs weniger elegant. Wie die späteren SL-Modelle richtete sich der 190 SL an jene, die Open-Air-Glamour suchten, ohne sich mit der kompromisslosen Rennsport-Technik eines reinrassigen Sportwagens zu übernehmen. „Lange Strecken mit hohen Geschwindigkeiten in einem sehr sportlich aussehenden Fahrzeug" – so umriss sein Designer Josef Müller die Zielgruppe.

Beide Fahrzeuge waren Teil der Bemühungen Max Hoffmans, den Namen Mercedes-Benz in Amerika bekannt zu machen. Der Mercedes W 194 hatte 1952 die Carrera Panamericana in Mexiko gewonnen. Im selben Jahr wurde Hoffman Motor Cars offizieller Mercedes-Importeur und bezog ein von Frank Lloyd Wright entworfenes Showroom-Gebäude in Manhattan.

Es war eine Chance, die es zu nutzen galt. Hoffman, der auch Porsche, BMW und andere ikonische Marken mitprägte, wusste: Die Amerikaner waren verrückt nach Sportwagen, unabhängig von Preis oder Leistung. Ob es sich nun um einen leichten, spartanischen Porsche 356 Speedster oder um einen üppig ausgestatteten BMW 507 handelte, es gab immer eine Chance, sowohl Ingenieure als auch Führungskräfte zu beeinflussen. Bei einer Vorstandssitzung 1953 in Stuttgart setzte Hoffman die Mercedes-Benz-Spitze unter Druck: Neben dem 300 SL sollte es auch einen offenen Sportwagen geben – ähnlich, aber günstiger und ebenso luxuriös. Und könnte Mercedes beide Modelle rechtzeitig zur New Yorker Autoshow im Februar 1954 präsentieren – nur fünf Monate später?

Der 190 SL hatte im Gegensatz zum 300 SL keinen speziell entwickelten Gitterrohrrahmen, sondern teilte sich ein verkürztes Chassis und Fahrwerkskomponenten mit der 190er Ponton-Limousine – eine Entscheidung, die es ermöglichte, Hoffmans engen Zeitplan einzuhalten. Dennoch erinnert er mit seinen geschwungenen Kotflügeln und den klassischen Proportionen an den reinrassigen 300 SL Roadster. Da der 190 SL auf die funktionalen Lüftungsschlitze und Luftauslässe des 300 SL verzichtete, dienten die „Augenbrauen" über den Radausschnitten als verbindendes Designelement beider Modelle. Die leicht nach vorne geneigte Haltung verleiht ihm ein dynamisches Erscheinungsbild, während ein Scheinwerfer pro Seite den schlichten, unaufgeregten Kühlergrill flankiert.

Der 190 SL, der nur halb so viel kostete wie der 300 SL, wurde fast zehn Jahre lang produziert und konkurrierte mit Modellen wie dem Austin-Healey oder dem Porsche 356. Sein Erfolg führte sogar zur Entwicklung eines 300 SL Roadsters. Die Inspiration für Sportwagen kann aus verschiedenen Richtungen kommen – sei es aus dem Nervenkitzel offener mexikanischer Straßen oder dem Glamour der High Society. Ein Paradebeispiel dafür ist Grace Kelly, die in dem Film *Die oberen Zehntausend* (1956) einen 190 SL fuhr – an ihrer Seite: Frank Sinatra.

Der 300 SL inspirierte einige Mercedes-Benz Supersportwagen – seltene und sehr begehrte Auktionsobjekte, die man kaum zu Gesicht bekommt. Doch der 190 SL war der eigentliche Stammvater der gepriesenen SL-Klasse, ein Symbol für großen Touring-Luxus für die nächsten sechs Jahrzehnte. Und das ist in der Geschichte großer Automobile doch mindestens ebenso bedeutsam, oder?

EC-104-BV

EC-104-BV

Der 190 SL war die Antwort auf kleinere britische und italienische Sportwagen, die vor allem in den USA rasant an Popularität gewannen. Im Vergleich zu MGs und Alfa Romeos wirkte der 190 SL jedoch hochwertiger, wie es sich für einen Mercedes gehört.

Radkappen in Wagenfarbe waren ein Markenzeichen von Mercedes-Benz. Der Motor stammte von seinem größeren Bruder, jedoch mit zwei Zylindern weniger. Markante Elemente wie die mittig gewölbte Motorhaube und verchromte Radlaufleisten wurden übernommen, sodass der 190 SL eine gelungene Neuinterpretation des erfolgreichen 300 SL darstellte.

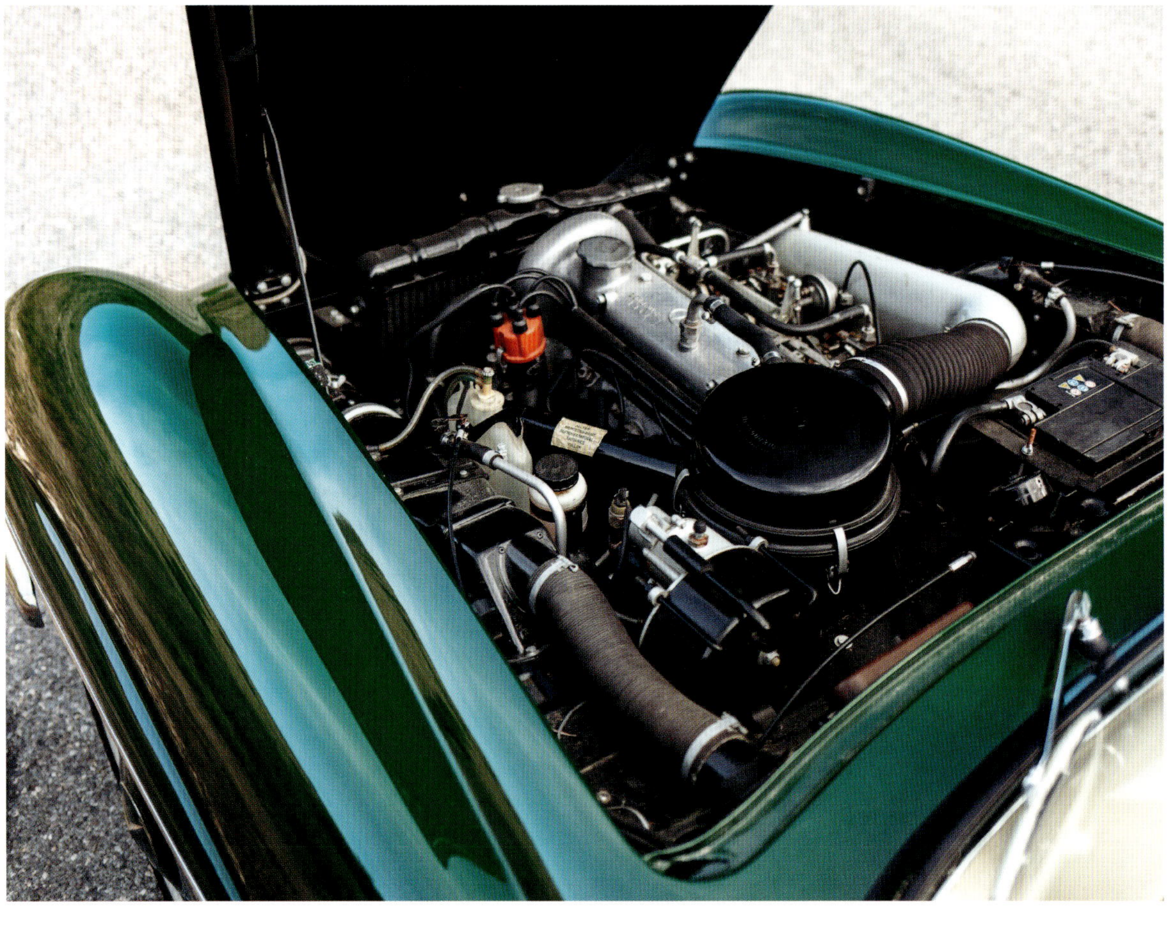

„DER 190 SL WAR DER EIGENTLICHE STAMMVATER DER GEPRIESENEN SL-KLASSE, EIN SYMBOL FÜR GROSSEN TOURING-LUXUS FÜR DIE NÄCHSTEN SECHS JAHRZEHNTE."

MERCEDES-BENZ 190 SL

Hersteller: Mercedes-Benz
Designer: Josef Müller / Friedrich Geiger / Walter Häcker
Produktionsjahre: 1955–1963
Motor: 1897 cm^3 M121 SOHC-Reihen-4-Zylinder
Getriebe: 4-Gang-Schaltgetriebe
Maximale Leistung: 105 PS

1960er

14449R8
14455R8
BOSCH
BOSCH

FLOWER POWER UND MOBILITÄT FÜR DIE MASSEN

Inmitten der Umbrüche dieses Jahrzehnts waren deutsche Autos sowohl Motor der Wirtschaft als auch Teil der Gegenkultur.

Der rebellische Geist der 1960er Jahre war auf beiden Seiten des Atlantiks lebendig, bei den Hippies in Haight-Ashbury ebenso wie unter den Streikenden im Mai '68 in Frankreich. Kaum zwei Jahrzehnte nach den Schrecken des Nationalsozialismus gingen auch in Deutschland Studierende auf die Straßen, um gegen einen in ihren Augen autoritären Staat zu demonstrieren. Die Tötung des Demonstranten Benno Ohnesorg in West-Berlin, der gegen den Besuch des Schahs von Persien protestierte, durch die Polizei 1967 gab der Studentenbewegung Auftrieb, die mit der Generation ihrer Eltern brechen wollte. Getrieben von Forderungen nach Gleichheit, wirtschaftlicher Gerechtigkeit, sexueller Befreiung und vom Widerstand gegen den Vietnamkrieg veränderte sich die Welt rasant. Eine bessere Zukunft schien möglich.

Zumindest auf dem Papier war Nachkriegsdeutschland eine blühende Landschaft. Das Autobahnnetz wurde erheblich ausgebaut, Exporte befeuerten die Industrie, und das Wirtschaftswunder hatte ein Jahrzehnt des Wachstums unter Bundeskanzler Konrad Adenauer (und seinem Wirtschaftsminister und Nachfolger Ludwig Erhard) zur Folge. Der Lebensstandard verbesserte sich zu Beginn der 1960er Jahre in vielen Bereichen – modische Kleidung, Haushaltsgeräte, Wochenendausflüge und Autos als Statussymbole hielten Einzug. Das deutsche Design wurde wieder modern, so bei den Entwürfen von Dieter Rams für Braun, die von Weckern und Elektrorasierern bis hin zum legendären, möbelgroßen Plattenspieler „Schneewittchensarg" reichten. Sie waren allesamt geprägt von den funktionalen Prinzipien des Bauhauses.

Von all dem profitierte auch die westdeutsche Automobilindustrie. BMW stellte 1962 seine modernen Limousinen der Neuen Klasse vor, die von der Kritik gefeiert wurden, während der Opel Kadett mit der finanziellen Unterstützung von GM als „perfekter Anti-Volkswagen" auf den Markt kam. Dennoch ließ sich Volkswagen nicht beirren. Der Käfer war in Nord- und Südamerika und in Australien sehr erfolgreich. Der Bulli wurde zu einer Ikone der Gegenkultur und ist untrennbar mit Woodstock und dem Sommer der Liebe verbunden. Seine Geräumigkeit und Wartungsfreundlichkeit machten ihn in den USA zu einer attraktiven Alternative zu den spießigen Limousinen und Kombis.

Ganz anders war die Lage in der DDR: Dort war der Trabant praktisch die einzige Option für Privatpersonen. Hergestellt im ehemaligen Auto-Union-Werk in Zwickau, verfügte er über einen knatternden Zweitaktmotor (abgeleitet von der alten Auto-Union-Marke DKW), der mehr Abgase als Leistung zu erzeugen schien. Die Karosserie bestand aus recyceltem Kunststoff, gefertigt aus Stoffresten der sowjetischen Textilindustrie. Ein durchschnittlicher Ostdeutscher musste zehn Jahre auf einen Trabant

Die Beatles posierten 1962 vor ihrem Auftritt im Hamburger Star Club. *Gegenüber:* Der Opel Rekord P1 wurde über eine halbe Million mal gebaut.

OPEL
F-KC 356

Der getunte „Inch Pincher“-VW-Käfer von EMPI erregte Aufsehen, als Darrell Vittone ihn 1969 bei den Winternationals fuhr.

warten, was zur Folge hatte, dass gebrauchte Modelle oft zum doppelten Preis gehandelt wurden. Trotz all seiner Mängel wurde der unbestreitbar charmante Trabant – die „Zündkerze mit Dach“ – zum Kultobjekt, als der Arbeiter- und Bauernstaat Geschichte war.

Nicht alle Autohersteller waren in den 1960er Jahren erfolgreich. Borgward, bekannt für Luxusmodelle wie den Isabella, ging 1963 in Konkurs. Glas versuchte sich noch an einem V8-Coupé im italienischen Stil, bevor die Firma von BMW geschluckt wurde. Besonders tragisch war der Fall von NSU, wo man mit dem ersten Serienauto mit Wankelmotor Pionierarbeit geleistet hatte. Der Ro 80 war eine aerodynamische, technisch innovative Limousine, die 1968 zum Auto des Jahres gewählt wurde. Doch schon im Jahr darauf übernahm Volkswagen das angeschlagene Unternehmen und fusionierte es mit Auto Union, um die hochmoderne NSU-Fabrik in Neckarsulm zu nutzen – ein entscheidender Schritt für die Wiedergeburt der Marke Audi. Als eine der vier Ursprungsmarken der Auto Union vor dem Krieg, stand Audi nun für Volkswagens wachsende Ambitionen im Premiumsegment. 1965 kehrte Audi mit einem umbenannten DKW-Modell, dessen altmodischer Zweitaktmotor durch moderne Technik ersetzt wurde, auf die Bühne zurück. Aber erst der 1968 präsentierte Audi 100 wurde ein großer Erfolg – eine elegante, geräumige Limousine (auch als Fließheck-Coupé erhältlich), die vieles von NSU übernahm: Frontantrieb, aerodynamisches Design und einen großzügigen Innenraum. Der Ingenieur Ludwig Kraus entwickelte den Audi 100 heimlich, ohne Wissen von Volkswagen-Chef Heinz Nordhoff, der eigentlich nur an der Produktionskapazität von Auto Union interessiert war und keine Mittel für neue Modelle bereitstellen wollte. Kraus wusste jedoch, dass dies der einzige Weg war, die Marke wieder auf den Weltmarkt zu bringen, und er sollte recht behalten. Nordhoff war so beeindruckt vom Prototyp, dass er die Produktion freigab – und später selbst den Ruhm dafür einstrich. NSU geriet in Vergessenheit, und die Arbeiter in Neckarsulm machten sich an die Arbeit: Bis Anfang der 1970er Jahre liefen über 500 000 Exemplare des Audi 100 vom Band.

Wenn man das Zusammenspiel von Automobilbau und Weltpolitik betrachtet, ist es immer wichtig, einen Blick in die Vergangenheit zu werfen, um die Zukunft zu verstehen. Der Käfer beispielsweise war das Produkt eines mörderischen Regimes und wurde zum Kultsymbol friedliebender Hippies. Mit dem Aufkommen avantgardistischer Fahrzeugdesigns rückte die Identifikation mit dem Auto stärker in den Fokus – eine Entwicklung, die sich in den folgenden drei Jahrzehnten noch deutlich verstärken sollte.

In den 1960er Jahren setzte sich die Moderne in Wohnungen und Büros durch. Mit seinen Entwürfen für Braun, wie dem Phonosuper SK 4, revolutionierte Dieter Rams das Produktdesign.

„DER LEBENSSTANDARD VERBESSERTE SICH IN VIELEN BEREICHEN, UND AUTOS WURDEN ZU STATUSSYMBOLEN.“

Im Juni 1963 wurde der amerikanische Präsident John F. Kennedy, begleitet vom Regierenden Bürgermeister Willy Brandt und Bundeskanzler Konrad Adenauer, begeistert in West-Berlin empfangen.

PORSCHE 911

Eine Ikone des Automobildesigns seit sechs Jahrzehnten.

Er ist vielleicht der berühmteste Sportwagen der Geschichte – und mit Sicherheit der beständigste. Selbst als er in jeder erdenklichen Hinsicht wuchs – größer, schneller, teurer und exklusiver –, blieb er seiner minimalistischen Form treu. Eine Form, so einfach, dass ein Kind sie zeichnen könnte, ohne den Stift abzusetzen. Doch gerade diese Einfachheit macht seinen Reiz aus: als wäre er nicht entworfen, sondern organisch gewachsen – wie das Haus einer Nautilusschnecke oder das Muster eines Farnblattes. Von den hochgezogenen Kotflügeln über die runden Scheinwerfer bis zur schwungvollen Dachlinie und dem prallen Heck – der Porsche 911 ergab vom ersten Moment an einfach Sinn.

Sein Vorgänger, der Porsche 356, legte den Grundstein für den 911: geschwungene Karosserie, Heckmotorkonzept, Leichtbau und Fahrdynamik. Seine Stärke lag stets in seinem Underdog-Image: In Rennen wie der Carrera Panamericana, der Mille Miglia oder der Europa-Bergmeisterschaft besiegten Modelle wie der 550 Spyder und der 718 RSK oft weitaus stärkere Konkurrenten. Aufmerksamkeit bei Privatrennfahrern zu erregen, war das eine – aber das kleine Werk in Zuffenhausen am Leben zu erhalten, etwas ganz anderes.

Der 911 war ein Familienprojekt: Ferdinand Alexander „Butzi" Porsche leitete die Gestaltung des 356-Nachfolgers in enger Zusammenarbeit mit seinem Vater, Ferdinand „Ferry" Porsche. 1961 wurde mit dem Prototyp Typ 754 T7 die badewannenartige Rundung des 356 gestrafft, allerdings mit einem unharmonischen Stufenheck. Doch die Frontpartie zeigte bereits die späteren Designmerkmale: runde, verchromte Scheinwerfer mit rechteckigen Lufteinlässen darunter, eingefasst in geschwungene Kotflügel, die bis zur Windschutzscheibe reichten. Die gegenüber dem 356 vergrößerte Karosserie war unausweichlich – und bedeutete mehr Platz für Fahrer und Beifahrer, stabileres Fahrverhalten und vor allem Raum für größere, stärkere Motoren. Bis 1998 wurde jeder 911 mit einem luftgekühlten Sechszylinder-Boxermotor ausgestattet. So entwickelte sich Porsches wichtigster Sportwagen vom agilen Kurvenräuber zum luxuriösen Sportwagen – und wurde für ein breiteres Publikum interessant.

Als Porsche 1963 den damals noch 901 genannten Wagen auf der Frankfurter Automobilausstellung vorstellte, war er einer der Stars der Messe, getragen vom Selbstbewusstsein und väterlichen Stolz des Porsche-Seniorchefs. Ein Jahr später ging der 911 mit nur einer wesentlichen Änderung in Serie, aber die hatte es in sich: Da sich Peugeot die Namen mit einer Null in der Mitte hatte markenrechtlich schützen lassen, war Porsche gezwungen, den 901 in 911 umzubenennen.

Viele Hersteller haben versucht, Porsche mit einem „911-Killer" vom Thron zu stoßen, sogar Porsche selbst. 1977 stellte man den 928 vor, einen durch und durch modernen Sportwagen, der zusätzlich zum damals 14 Jahre alten 911 angeboten wurde. Der 928 setzte auf rohe Kraft: Sein flüssigkeitsgekühlter V8-Motor war vorne eingebaut und übertrug die Kraft auf ein hinten liegendes Transaxle-Getriebe; der Innenraum war üppig mit Leder ausgekleidet, die Sitze sportlich und komfortabel zugleich; versenkbare Scheinwerfer und die glatte Form verliehen ihm ein futuristisches Aussehen. Die Verkaufszahlen des 911 stagnierten, und der 928 wurde 1978 Europas Auto des Jahres. War er ein würdiger Nachfolger? Nein. Der 928 wurde 1995 eingestellt, kurz vor der größten technischen Zäsur in der Geschichte des 911: dem Umstieg auf wassergekühlte Motoren mit noch mehr Leistung. Damals umstritten, heute ein Beweis für die Wandlungsfähigkeit und Beständigkeit dieses Sportwagenklassikers.

Die linksseitige Zündung geht auf den berühmten Le-Mans-Start zurück, bei dem die Fahrer zu ihren Autos rannten und so schnell wie möglich losfuhren. Porsche erkannte, dass der Fahrer am schnellsten war, wenn er die Zündung mit der linken Hand betätigte und mit der rechten den Gang einlegte. Noch heute erinnert diese Anordnung an diese stolze Motorsport-Tradition.

Ausgehend vom 356 entwickelte sich der 911 zu einem etwas kantigeren und aufrechteren Allround-Sportwagen, der Platz für vier Passagiere bot und dennoch renntauglich war. Zum Glück konnte er auf ein Jahrzehnt Rennerfolge des 356 zurückblicken – nun mit einem Sechszylindermotor, der für die nächsten vier Jahrzehnte Bestand haben sollte.

„MIT SEINEM LUFTGEKÜHLTEN SECHSZYLINDER-BOXERMOTOR WURDE DER 911 ZUM LUXURIÖSEN SPORTWAGEN UND FÜR EIN BREITERES PUBLIKUM INTERESSANT.“

PORSCHE 911

Hersteller: Dr. Ing. h. c. F. Porsche KG
Designer: Ferdinand Alexander Porsche / Erwin Komenda
Produktionsjahre: 1964–1973
Motor: 1991 cm³ SOHC-Sechszylinder-Boxermotor
Getriebe: 5-Gang-Schaltgetriebe
Maximale Leistung: 130 PS
Maximales Drehmoment: 174 Nm
Gewicht: 1080 kg
Leistung / Gewicht: 120 PS / t
0–100 km / h: 8,7 Sek.
Höchstgeschwindigkeit: 210 km / h
Neupreis: 21 900 DM

BMW 2002

Kein Wolf im Schafspelz war je so einflussreich.

Heute sind Sportlimousinen eine Selbstverständlichkeit, aber als BMW 1968 den 2002 vorstellte, war das eine Revolution. Der 2002 setzte nicht nur den Standard für eine neue Fahrzeugkategorie, sondern warf auch eine abwegige Frage auf: Was wäre, wenn ein kleiner, sparsamer, unscheinbarer – vielleicht sogar etwas biederer – Kleinwagen sich wie ein Sportwagen fahren ließe?

In der Mitte des 20. Jahrhunderts befand sich BMW in einer Krise. Mit aufwendig gestalteten Limousinen und Cabriolets, den sogenannten „Barockengeln", wollte man an den luxuriösen Stil der Vorkriegszeit anknüpfen. Im Gegensatz dazu versuchten die Bayern mit der Isetta, einem Lizenzfahrzeug des italienischen Herstellers Iso, den finanziellen Engpässen der deutschen Nachkriegskundschaft gerecht zu werden. Beide Konzepte galten Ende der 1950er Jahre als überholt. „Barock" war also ein durchaus zutreffendes Adjektiv.

Dementsprechend ging es bei der Neuen Klasse die das Mittelklassesegment bedienen sollte, für BMW um alles oder nichts. Chefdesigner Wilhelm Hofmeister verlieh der vermeintlich nüchternen Stufenheckform subtile Feinheiten, von denen viele zu BMW-Markenzeichen werden sollten: der breite, verchromte Kühlergrill, unterteilt durch die charakteristischen „Nieren", der nach unten gerichtete Winkel der hinteren Seitenfenster, heute unsterblich als „Hofmeister-Knick" bekannt, und die nach vorne geneigte Nase, die zunächst Modernität suggerierte und später über Jahrzehnte als aggressives „Haifischmaul" reüssierte. Größere Limousinen trugen Bezeichnungen, die auf „00" endeten, Coupés waren als „C" und „CS" bekannt, und eine verkürzte Serie von Kompaktmodellen endete auf „02".

Betrachten wir die Zahlen des 2002: Ein 2,0-Liter-Motor mit etwas über 100 PS war nichts Weltbewegendes, doch indem man ihm den Motor der größeren 2000-Serie verpasste, folgte der 2002 dem Prinzip „Großer Motor, kleines Auto", das in den USA die Muscle-Car-Manie entfachte. Tatsächlich ließen zwei BMW-Manager unabhängig voneinander den stärkeren Motor in ihre 1602-Coupés einbauen – und dieser Zufall führte letztendlich zur Serienproduktion. Der Motor war laufruhig und leise, wie es sich für eine Limousine gehörte. Das Fahrwerk mit Einzelradaufhängung kombinierte man mit einer agilen Lenkung und griffigen Reifen. Dabei bot der Wagen immer noch Platz für vier Personen und einen akzeptablen Kraftstoffverbrauch, konnte es aber mit einem Austin-Healey aufnehmen.

Das Ergebnis war eine Offenbarung. David E. Davis, der scharfzüngige Redakteur des amerikanischen Magazins *Car and Driver,* konnte mit seinem Lob gar nicht hinterm Berg halten. „Schlagt eure Gesangbücher auf Seite 2002 auf", schrieb er und bemitleidete die armen, unwissenden Massen, die in ihren amerikanischen Straßenkreuzern niemals die Agilität des 2002 erleben würden. Er gab ganz den Prediger, der Enthusiasten und Otto Normalverbraucher gleichermaßen ins gelobte Land der Sportlimousine führte.

Seitdem hat fast jeder Autohersteller dieses Konzept übernommen. Mit dem 2002 wurde Sportlichkeit zum Marketingfaktor: Mit nahezu jedem Fahrzeug versucht die Autoindustrie seither, „das Beste aus beiden Welten" heraufzubeschwören und zu beweisen, dass auch ein Drei-Tonnen-SUV oder eine große Limousine Freude am Fahren bereiten kann. BMW lebt mit der beliebten 3er-Reihe noch immer vom durchschlagenden Erfolg des 2002, und das völlig zu Recht. Doch 1968 passte kein Auto besser zum BMW-Slogan „Ultimate Driving Machine" als der 2002.

M-YJ 1417

M YJ 1417

Eine frühe Form der mechanischen Benzineinspritzung brachte den 2002 schließlich auf 130 PS – erkennbar an dem Emblem tii (Touring International Injection). Doch er war nicht der leistungsstärkste 2002 – diesen Titel hielt der 2002 Turbo, das erste europäische Auto mit Turbolader.

Der sogenannte Hofmeister-Knick ist ein subtiles Designelement, das die optische Höhe des Aufbaus reduziert. Frühe 2002-Modelle hatten runde Rückleuchten – ein wichtiges Unterscheidungsmerkmal unter Liebhabern. Die nach vorne geneigte Nase sollte bis in die 1990er Jahre ein Markenzeichen von BMW bleiben.

„CHEFDESIGNER WILHELM HOFMEISTER VERLIEH DER VERMEINTLICH NÜCHTERNEN STUFENHECKFORM SUBTILE FEINHEITEN, VON DENEN VIELE ZU BMW-MARKENZEICHEN WERDEN SOLLTEN."

BMW 2002

Hersteller: BMW
Designer: Wilhelm Hofmeister / Georg Bertram / Manfred Rennen / Giovanni Michelotti
Produktionsjahre: 1968–1975
Motor: 1990 cm³ M10 SOHC-Reihenvierzylinder
Getriebe: 5-Gang-Schaltgetriebe / 4-Gang-Schaltgetriebe / 3-Gang-Automatikgetriebe
Maximale Leistung: 100 PS
Maximales Drehmoment: 144 Nm
Gewicht: 940–1080 kg
Leistung / Gewicht: 122 PS / t
0–100 km / h: 9,6 Sek.
Höchstgeschwindigkeit: 155 km / h
Neupreis: 9 479 DM

AUTOS AUS OSTDEUTSCHLAND

Welten trennten das Fahrerlebnis in den zwei deutschen Staaten.

In einem Paralleluniversum hätte der Trabant statt des Volkswagen Käfer die Herzen, Köpfe und Fertigungsstraßen der Welt erobert. Schließlich wurde das berühmteste Kleinwagenmodell aus Ostdeutschland aus dem gleichen Grund hergestellt. Aus der Not heraus gebaut, verfügte es aber anstelle von Blechteilen über Verbundkunststoffplatten, die als Duroplast bekannt waren. Aufgrund seines einfachen (lauten und umweltschädlichen) Zweitaktmotors wurde er als „Zündkerze mit Dach" bezeichnet. Von seiner Einführung im Jahr 1957 bis zum letzten Modell im Jahr 1991 blieb er fast drei Jahrzehnte lang funktional unverändert. Wie der Käfer erlangte er schließlich Kultstatus, insbesondere unter den glücklichen DDR-Bürgern, die bis zu zehn Jahre auf einen eigenen Trabant gewartet hatten.

Aber der „Trabi" war nicht das einzige Auto aus dem Ostdeutschland. Die Sowjets übernahmen auch ein ehemaliges BMW-Werk in Eisenach. Dort wurden weiterhin BMW-Fahrzeuge produziert, bis eine Klage im Jahr 1952 das Werk zwang, seinen Namen zu ändern. Unter der neuen Abkürzung EMW mit einem rot-weißen Propeller als Logo gelang der unwahrscheinliche Erfolg des Wartburg, der sich eines Namens aus dem Jahr 1898 bediente. Mit seiner ansprechenden Zweifarbenlackierung, den abgerundeten Ponton-Kotflügeln und den Chromakzenten verlieh der Wartburg dem stereotypen sozialistischen Trabant aus derselben Zeit einen Hauch von Luxus, und es gab sogar Coupé-, Roadster- und Kombi-Modelle. Der Wartburg wurde international exportiert und schaffte es bis an die amerikanischen Küsten, wo sein Zweitaktmotor und sein kommunistisches Erbe (in einer Zeit des McCarthyismus) dafür sorgten, dass er ein Sonderling blieb.

Als 1989 die Berliner Mauer fiel, fluteten Tausende von Trabis die Straßen West-Berlins, während im Ostblock noch mehr Trabis einfach zurückgelassen wurden. Schon zuvor waren Autos aus dem restlichen Europa in der DDR erhältlich, sofern man über D-Mark verfügte. Neben Golfs konnte man Fiats, Renaults und Fords bestellen, während die Dienstwagen der ostdeutschen Regierung von sowjetischen Limousinen auf moderne Volvos und Citroëns umgestellt wurden.

Nach der Wiedervereinigung entdeckten die Europäer den Motorradrennsport auf dem Sachsenring wieder, wo jahrzehntelang der Motorrad-Grand-Prix der DDR stattgefunden hatte. Seit 1927 waren Motorräder auf der 8,6 Kilometer langen Rennstrecke und den umliegenden Straßen unterwegs, aber nach den 1970er Jahren durften nur noch ostdeutsche Teilnehmer starten. Eine neu renovierte Grand-Prix-Strecke gab der Region einen wirtschaftlichen Aufschwung und hob den Motorrad- und Tourenwagen-Sport auf internationales Niveau. Die Rennstrecke markierte die seltenen Erfolge eines motorsportlichen Erbes, das technologische Ungleichheiten und politische Umwälzungen überlebte.

Als Symbol der ehemaligen DDR erlangte der Trabant Kultstatus und wurde zu einer nostalgischen Ikone.

Überschüssige „Trabis“ stehen kurz nach dem Fall der Berliner Mauer im Rostocker Hafen.

NSU RO 80

So innovativ diese Drehkolbenmaschine auch war, sie trieb ihren Hersteller letztendlich in den Ruin.

Revolutionen im Automobilbau sind selten, und vieles, was zunächst avantgardistisch anmutet, wird irgendwann zur Selbstverständlichkeit. Der NSU Ro 80, eines der ersten in Serie produzierten Autos mit Wankelmotor, ist dafür ein Paradebeispiel. Sein Design und seine Technik stellen unsere Vorstellungen von früheren Innovationen und dem, was wir heute als normal betrachten, auf den Prüfstand.

Abgesehen vom revolutionären Motor war auch das Äußere des Ro 80 fortschrittlich. Eine große Frontscheibe verschmolz mit der Dachlinie, und eine markante Charakterlinie an beiden Seiten verlief konkav nach innen und sorgte für einen spannenden Kontrast. Sein Fahrgastraum wirkte insgesamt, als würde er im Raum schweben, und es gab weitere spannende Details: Die Scheinwerfer schlossen bündig mit Motorhaube und Kotflügeln ab, ohne die massiven Abdeckungen, die sonst üblich waren, und die Räder wurden so weit wie möglich an den Fahrzeugenden platziert.

Die NSU Motorenwerke wurden 1873 gegründet und avancierten später zu einem der größten Motorradhersteller der Welt, der in den 1950er Jahren zahlreiche Geschwindigkeitsrekorde hielt. Die vierrädrigen Modelle Prinz und Spider waren aufrecht gebaute, wannenförmige, verkleinerte Formen amerikanischer Vorbilder. Der Prinz beispielsweise entwickelte sich aus einem Kleinstwagen, der dem Chevrolet Corvair nachempfunden war. Aber das Meisterwerk von NSU war zweifellos der Ro 80, der sich an die wohlhabendere Mittelschicht der Nachkriegszeit richtete. Nahezu jeder europäische Hersteller hatte ähnliche Ambitionen, doch NSU setzte alles auf eine Revolution mit Rotationsantrieb.

Auf dem Papier ist ein Wankelmotor leichter, kompakter und laufruhiger als ein herkömmlicher Kolbenmotor. Er hat keine Pleuelstangen, keine Kurbelwelle und keinen Ventiltrieb. Stattdessen dreht sich ein dreieckiger Rotor in einem ovalen Gehäuse, dessen Innenzahnrad um eine Exzenterwelle rotiert. Dabei laufen Ansaugen, Verdichten, Zünden und Ausstoßen wie bei jeder anderen Verbrennung ab. Diese Vorteile faszinierten auch Mazda und Citroën, doch NSU hatte den Heimvorteil, Felix Wankel höchstpersönlich für die Entwicklung des weltweit ersten Serienwagens mit Wankelmotor zu gewinnen. Bereits 1963 diente der NSU Wankel Spider als Versuchsträger für das, was noch kommen sollte. Die NSU-Ingenieure verfeinerten das Rotationsprinzip (oft sogar gegen Wankels Vorstellungen), um Vertrauen in den Ro 80 zu schaffen, der 1967 auf der Frankfurter Automobilausstellung dem staunenden Publikum präsentiert wurde, das über seine Aerodynamik und Modernität entzückt war.

In einer besseren Welt hätte sich der Ro 80 einen ebenso großen Nimbus erschaffen wie die DS von Citroën, wo man ebenfalls mit dem Rotationsmotor experimentierte und sich in den 1960er Jahren über technische Details mit NSU austauschte. Doch trotz der Auszeichnung zum Auto des Jahres 1968 hatte NSU Mühe, Käufer für den Ro 80 zu finden, da seine Besitzer häufig in die Werkstatt mussten, um den Motor warten zu lassen, und zu Stammkunden an Tankstellen wurden.

Bereits 1969 wurde NSU in die Auto Union des Volkswagenkonzerns integriert. Die alten NSU-Werke in Neckarsulm sind jedoch bis heute eine der wichtigsten Produktionsstätten von Audi geblieben. Der Ro 80 war ein einmaliges Auto, das zu hoch hinauswollte, aber es war eine Inspiration für einen der größten Autokonzerne der Welt – und die Liebe zum Detail, die es offenbarte, lebt bei Audi weiter.

NSU 714

Der Ro 80 war eine oft übersehene Revolution im Automobildesign mit integrierten Scheinwerfern, einer Panorama-Windschutzscheibe und aerodynamischer Effizienz. Die stark geschwungenen Seitenlinien nahmen das „flame surfacing“ der BMW-Modelle der 2000er Jahre vorweg und boten einen Blick in die Zukunft des Designs.

173

Der Vorgänger des Ro 80, der NSU Spider, war das erste Serienauto mit Wankelmotor. Der Ro 80 verfügte über einen Wankelmotor mit zwei Rotoren und Frontantrieb – auch dies eine echte Innovation in jener Zeit.

„NSU HATTE MÜHE, KÄUFER FÜR DEN RO 80 ZU FINDEN, DA SEINE BESITZER HÄUFIG IN DIE WERKSTATT MUSSTEN UND ZU STAMMKUNDEN AN TANKSTELLEN WURDEN."

NSU RO 80

Hersteller: NSU Motorenwerke (1967–1969) / Audi NSU Auto Union AG (1969–1977)
Designer: Claus Luthe
Produktionsjahre: 1967–1977
Motor: 995 cm³ Wankelmotor mit zwei Rotoren
Getriebe: 3-Gang-Halbautomatik
Maximale Leistung: 115 PS
Maximales Drehmoment: 162 Nm
Gewicht: 1280 kg
Leistung / Gewicht: 90 PS / t
0–100 km / h: 12,2 Sek.
Höchstgeschwindigkeit: 180 km / h
Neupreis: 14 150 DM

B F 6447H

MERCEDES-BENZ W111 COUPÉ

Ein Coupé und ein Cabriolet zum 75-jährigen Jubiläum des Herstellers.

Im Laufe des 20. Jahrhunderts erwarb sich Mercedes-Benz einen exzellenten Ruf als Hersteller luxuriöser, exklusiver Fahrzeuge. Gekrönte Häupter ließen sich in Landaulets und Paradefahrzeugen aus Stuttgart durch die Welt chauffieren, und Mercedes-Benz-Sportwagen brillierten bei Langstreckrennen. Und kein Auto war im Deutschland der Nachkriegszeit bekannter als der Mercedes 300 „Adenauer", in dem sich der erste Kanzler der neuen Republik sichtlich wohlfühlte.

Doch es waren die preisgünstigeren Modelle, die das Unternehmen in der Mitte des Jahrhunderts über Wasser hielten. Die W111 „Heckflosse" kam 1959 als vielseitige Limousinen-Baureihe auf den Markt, mit einer Designsprache, die bis heute nachhallt: Statt der weichen, bauchigen Kurven ihrer Vorgängerin setzte sie auf einen schmalen, aufrecht stehenden Kühlergrill, vertikale Scheinwerfer und markante Seitenlinien, die durch Chromakzente betont wurden. Dieser strenge Look aus Zurückhaltung und Präsenz prägte eine ganze Generation des Mercedes-Benz-Designs und wirkte auch dann noch zeitlos, als üppige Chromverzierungen aus der Mode kamen.

Doch selbst Mercedes-Benz konnte sich der Faszination amerikanischer Heckflossen nicht entziehen. Bis 1959 waren sie bei Cadillacs und Chryslers so hoch gewachsen, dass sie einem Menschen ins Auge stechen konnten. Die W111-Limousinen gaben sich etwas bescheidener. Ihre kantigen, verchromten Flossen stiegen sanft von oberhalb der hinteren Türgriffe auf und ragten kaum über das Ende des Kofferraumdeckels hinaus. Mercedes-Benz wollte niemals den Eindruck erwecken, Trends hinterherzulaufen. Daher verkaufte man die Flossen in den Werbematerialien als praktische Elemente, die die Orientierung beim Einparken verbesserten.

Zwei Jahre nach dem Debüt der Heckflosse ergänzte Mercedes-Benz die Modellpalette um ein elegantes Coupé und ein Cabriolet. Auf Basis der Sechszylinder-Modelle war es eine wunderschöne Rückkehr zur Exklusivität. Das Design stammte von Paul Bracq, der zuvor den 230 SL „Pagode" Roadster entworfen hatte. Das Cabriolet beeindruckte mit luxuriöser Ausstattung und Platz für vier Personen, klassischen Proportionen und einer sanft abgerundeten Eleganz, die für das nächste Jahrzehnt Bestand haben würde. Wichtiger noch: Die spitzen Heckflossen wurden durch kleine, dezente Wölbungen ersetzt, die ohne Chrom auskamen und eine charaktervolle Linie abschlossen, die sich von den aufrechten Scheinwerfern bis zum Ende des Fahrzeugs zog. Der Heckflossen-Look war bereits veraltet und galt auf beiden Seiten des Atlantiks als überflüssiger Schnickschnack.

Sowohl Coupé als auch Cabriolet debütierten zum 75-jährigen Jubiläum von Mercedes-Benz und huldigten damit Carl Benz' erstem dreirädrigen Automobil. Das Automobil hatte bis dahin einen langen Weg zurückgelegt, aber letztendlich war es nur ein Wimpernschlag in der Abfolge der technischen Errungenschaften – von der industriellen Revolution über die Messing-Ära und den Karosseriebau der Vorkriegszeit bis hin zu den gewaltigen Fortschritten des Space Age. Doch über all die Jahre ist eines gleich geblieben: Die offenen Fahrzeuge von Mercedes-Benz vereinen klassische Eleganz mit zeitlosen Designs, die niemals zu auffällig oder extravagant wirken oder von kurzlebigen Modetrends beeinflusst werden.

Die Coupé- und Cabriolet-Modelle der W111-Serie waren opulent ausgestattet und dem 75-jährigen Jubiläum des Benz Patent-Motorwagens angemessen. Der Reihensechszylinder war mit 2,8 Litern der größte der Serie, später war auch ein V8-Motor erhältlich.

„DIE OFFENEN FAHRZEUGE VON MERCEDES-BENZ VEREINEN KLASSISCHE ELEGANZ MIT ZEITLOSEN DESIGNS, DIE NIEMALS ZU AUFFÄLLIG ODER EXTRAVAGANT WIRKEN."

MERCEDES-BENZ W111 COUPÉ

Hersteller: Mercedes-Benz
Designer: Paul Bracq / Friedrich Geiger
Produktionsjahre: 1961–1971
Motor: 2496 ccm M 129 SOHC-Reihen-6-Zylinder (250 SE Coupé, 1965–1967)
Getriebe: 4-Gang-Schaltgetriebe / 4-Gang-Automatikgetriebe

Maximale Leistung: 150 PS
Maximales Drehmoment: 216 Nm
Gewicht: 1490 kg
Leistung / Gewicht: 101 PS / t
0–100 km / h: 11,8 Sek.
Höchstgeschwindigkeit: 190 km / h
Neupreis: 23 500 DM

GOL
CIRCUIT CONSTRUIT EN
TARMACADAM
ENTREPRISES ALBERT COCHERY
elf elf elf
L'EQUIPE
47

PORSCHE 904 CARRERA GTS

Der 904 GTS festigte den Ruf von Porsche auf und abseits der Rennstrecke und leitete eine Revolution im Straßenverkehr ein.

1963 war ein bedeutendes Jahr für Porsche, in dem zwei wegweisende Fahrzeuge ihr Debüt feierten, angefangen mit dem 901, der im September in Frankfurt vorgestellt wurde. Über ein Jahrzehnt lang hatte Porsche seine Ingenieurskunst mit leichten Coupés mit Heckmotor unter Beweis gestellt. Dies hatte mit dem legendären 356 begonnen und wurde mit dem größeren, geräumigeren 901 (der bald in 911 umbenannt wurde) fortgesetzt, einem völlig neuen Fahrzeug, das sich aber äußerlich kaum abhob.

Zwei Monate später kam der 904 auf den Markt. Nach mäßigen Ergebnissen in der Formel 1 beschloss Porsche, zu seinen Wurzeln im Sportwagenrennsport zurückzukehren. Der vom 28-jährigen Ferdinand „Butzi" Porsche entworfene 904 war der erste Porsche, bei dem ein stabiler Gitterrohrrahmen sowie eine Glasfaserkarosserie zum Einsatz kamen, die die bewährte Technik aus dem 718 geschickt verbarg. Lang und keilförmig, mit markanten Linien und einem eckigen, nach oben gezogenen Heck, markierte er eine Abkehr von den kurvigen, offenen Rennwagen der Vergangenheit. Ob der 904 zu einem der renommiertesten Rennwagen seiner Zeit werden würde, blieb jedoch abzuwarten.

Porsche war zu dieser Zeit klein, aber oho. Die kompromisslose Vision von „Ferry" Porsche manifestierte sich in einem einzigen Modell, dem 356, der als Sportwagen für die Massen gedacht war. Allerdings hatte Porsche bereits 1953 mit der Entwicklung von Mittelmotor-Rennwagen begonnen, angefangen mit dem 550 Spyder. Während Porsche bei der Mille Miglia, der Targa Florio und in der GT-Klasse der FIA hart erkämpfte Siege einfuhr, sammelten seine Ingenieure wertvolle Erfahrungen im Langstreckenrennsport. Dies spiegelte sich in den immer komplexeren Vierzylinder-Boxermotoren, die sie entwickelten – gipfelnd im Typ 587, einer völlig neuen Konstruktion des Technischen Direktors Ernst Fuhrmann, mit vier Nockenwellen, halbkugelförmigen Brennräumen und 180 PS. Jahrzehnte später wurde er rückblickend als „wahrscheinlich komplexester Vierzylinder, der je gebaut wurde" bezeichnet. Als auch dieser Motor seine beste Zeit hinter sich hatte, wurde das Chassis des 904 kurzerhand auf Sechs- und Achtzylinder-Boxermotoren umgerüstet, die aus dem 911 sowie aus dem F1-Motorenprogramm von Porsche stammten.

Gemäß den Homologationsregeln der FIA mussten 100 Exemplare mit Straßenzulassung gefertigt werden. Um den 904 Carrera GTS auch für Privatfahrer attraktiv zu machen, baute ihn Porsche zu einer Art Wochenendflitzer um, mit Annehmlichkeiten wie einer Heizung und vollständig ausgebautem Interieur.

Bei seinem Debüt belegte der Vierzylinder-904 den ersten Platz in der Gesamtwertung der Targa Florio 1964 und triumphierte nur wenige Monate später in seiner Klasse in Le Mans. Trotz seiner komplexen Motoren erreichte der 904 in fast jedem Langstreckenrennen, in dem er antrat, das Ziel. Er dominierte sowohl die SCCA in Amerika als auch die weltweite 2-Liter-Herstellermeisterschaft und erzielte weitere Klassensiege auf so renommierten Rennstrecken wie Sebring und Monte Carlo sowie beim 1000-km-Rennen auf dem Nürburgring. Als der ausschließlich mit Sechszylindermotoren ausgestattete 906 im Jahr 1966 den 904 ablöste, war die Entscheidung gefallen: Porsche war auf dem besten Weg, eine der dominierenden Kräfte im Langstreckenrennsport zu werden.

47
Andrew SMITH
Olly BRYANT
BOSCH
SPARK PLUGS
47

47
47
2000 DC 59

PORSCHE 904 CARRERA GTS

Hersteller: Porsche
Designer / Konstrukteur: Ferdinand Alexander Porsche / Erwin Komenda
Produktionsjahre: 1963–1965
Motor: 1966 ccm Typ 587 / 3 4-Zylinder-Boxermotor
Getriebe: 5-Gang-Schaltgetriebe
Maximale Leistung: 180 PS
Maximales Drehmoment: 196 Nm
Gewicht: 650 kg
Leistung / Gewicht: 277 PS / t
0–100 km / h: 5,9 Sek.
Höchstgeschwindigkeit: 260 km / h
Neupreis: 30 000 DM

Im selben Jahr wie der 911 vorgestellt, war der 904 Carrera GTS eine vielseitige Plattform für Porsche-Rennmotoren mit vier, sechs oder acht Zylindern. Seine Ausdauer beweist der 904 Carrera GTS bis heute im historischen Rennsport – vom Goodwood Festival of Speed bis zur Le Mans Classic.

„UM DEN 904 CARRERA GTS AUCH FÜR PRIVATFAHRER ATTRAKTIV ZU MACHEN, BAUTE IHN PORSCHE ZU EINER ART WOCHENENDFLITZER UM."

OPEL GT

In der „Baby Corvette" traf europäische Effizienz auf amerikanische Extravaganz.

In den 1960er Jahren erkannten sogar die Führungskräfte von Opel, dass ihre stattlichen Familienlimousinen und der niedliche Kleinwagen Kadett A langsam unmodern wurden. Als Opel daher 1965 auf dem Genfer Autosalon seinen Experimental GT vorstellte, wurde er zum Star der Messe: eine Silhouette wie ein schwebendes UFO, mit einer eleganten Kombination aus scharfen Kanten und klaren Flächen. Opel hatte den GT eigentlich als Testplattform für Aerodynamik und Fahrwerkskomponenten konzipiert, doch seine unerwartete Popularität veranlasste Opel dazu, seinen kantigen Viertürern etwas Spannenderes an die Seite zu stellen.

Der Serien-GT entstand im Opel-Designstudio in Rüsselsheim, damals Europas erstes firmeninternes Designzentrum. Die Linienführung des GT erinnerte an die Corvette, was dem Chefdesigner des Chevrolet-Studios, Clare MacKichan, zu verdanken war, der nun für Opel in Deutschland tätig war. MacKichan hatte von Anfang an bis in die späten 1960er Jahre entscheidend zur Gestaltung der Corvette beigetragen, auch wenn laut Firmenpolitik nur Designchefs wie Harley Earl oder Bill Mitchell öffentlich Anerkennung erhielten. Zeitgleich wurde gerade die dritte Corvette-Generation zur Serienreife gebracht – nach einem langen Weg der Formgebung, der mehrere Konzeptstudien wie die Mako Shark von 1962 und die Mako Shark II von 1965 nötig machte.

Unterdessen entwickelte Pontiac 1964 den schlanken, filigranen Banshee – eine elegante, verkleinerte Corvette, die fast 60 cm kürzer, aber mit einem kraftvollen V8-Antrieb ausgestattet war. Pontiac-Manager John Z. DeLorean – später bekannt durch die gleichnamige Zeitmaschine aus *Zurück in die Zukunft* – kämpfte leidenschaftlich für eine Serienfertigung. Der Banshee war Berichten zufolge zu 80 Prozent fertig, als GM die Notbremse zog: Kein Modell einer GM-Marke sollte der Corvette Konkurrenz machen. Ironischerweise baten dieselben Manager ein Jahr später darum, Pontiacs Banshee-Design an Chevrolet zu übertragen – wodurch es in die Gestaltung der 1968er Corvette einfloss.

So vereinte der Opel GT schließlich die spektakulären Kotflügel der Corvette mit den kompakten Proportionen des Banshee. Unter seinen weichen Kurven und hinter den runden, versenkbaren Scheinwerfern (eine direkte Übernahme vom Banshee) verbarg sich zwar größtenteils die Technik des Opel Kadett, aber das Aussehen war das, was wirklich zählte. Opel kam mit der Produktion kaum hinterher. Der GT wurde ein Hit bei jungen Fahrern und stilbewussten Kunden, in Europa ebenso wie in den USA, wo er von Buick als „unkompliziertes Sportcoupé" vermarktete wurde.

Der GT wurde nur fünf Jahre lang produziert, aber er hauchte Opels Designabteilung neues Leben ein und prägte den Auftritt der Marke über Jahrzehnte hinweg. Gestärkt durch den Erfolg des GT griffen die Opel-Designer weiterhin amerikanische Stilelemente auf und gaben Europa einen Hauch Muscle-Car-Flair: hintere Kotflügel in der Form einer Colaflasche, massive verchromte Kühlergrills, teils sogar Vinyldächer. Mit dem Designer Chuck Jordan an der Spitze des Designstudios waren die amerikanischen Einflüsse so sichtbar wie nie zuvor.

OGT19

GT

Die „Baby Corvette“ wurde von amerikanischen GM-Designern wie Chuck Jordan und Clare MacKichan mitgestaltet – Letzterer war als Chefdesigner von Chevrolet für die Corvette verantwortlich. MacKichan, der auch das GT-Konzeptfahrzeug entworfen hatte, verkürzte die Karosserie für die Serienproduktion. Das Ergebnis war atemberaubend.

OPEL GT

Hersteller: Opel
Designer: Erhard Schnell / Clare MacKichan
Produktionsjahre: 1968–1973
Motor: 1078 cm³ Reihen-4-Zylinder mit Stößelstangen / 1897 cm³ Reihen-4-Zylinder mit obenliegender Nockenwelle
Getriebe: 4-Gang-Schaltgetriebe / 3-Gang-Automatik
Maximale Leistung: 60 PS (1,1 l I4) / 90 PS (1,9 l I4)
Maximales Drehmoment: 85 Nm (1,1 l I4) / 149 Nm (1,9 l I4)
Gewicht: 960 kg
Leistung / Gewicht: 63 PS / t (1,9 l I4)
0–100 km / h: 11 Sek. (1,9 l I4)
Höchstgeschwindigkeit: 185 km / h (1,9 l I4)
Neupreis: 10 000 DM

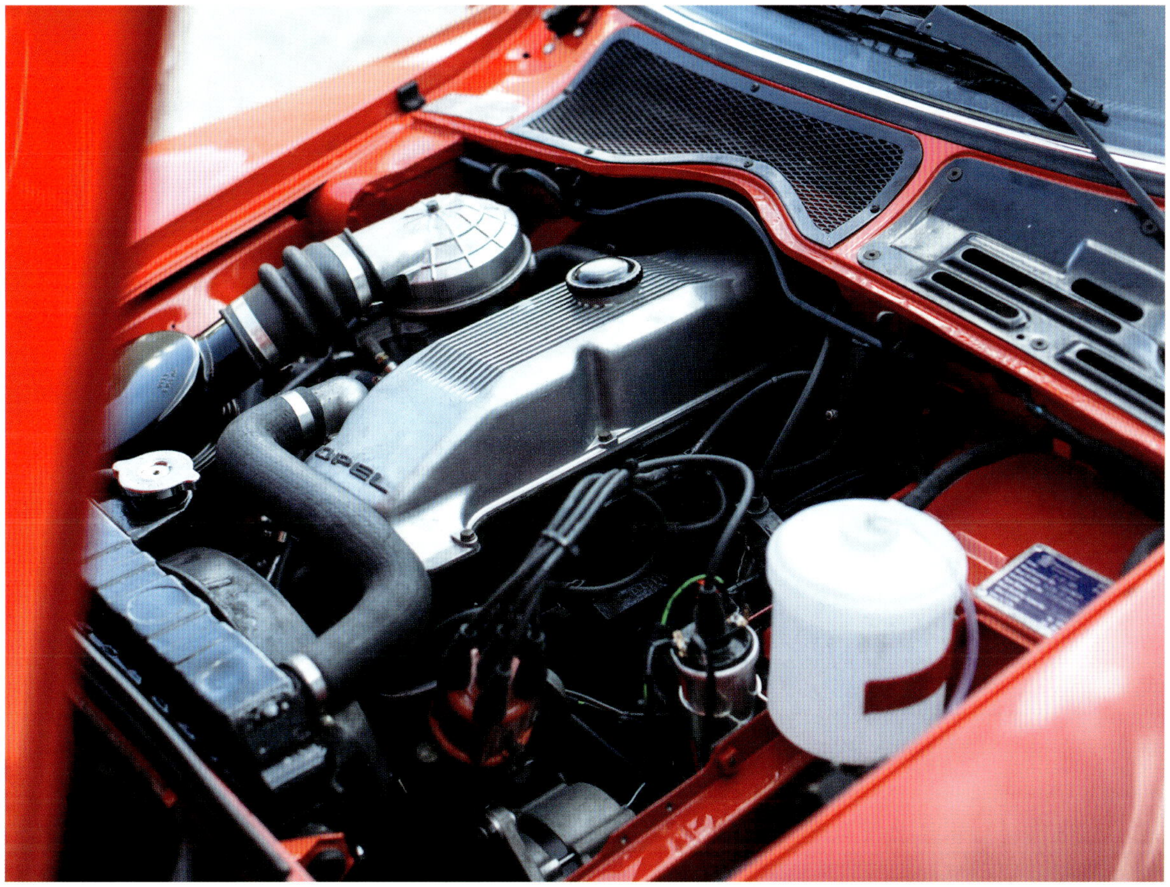

Die froschähnlichen Scheinwerfer klappten seitlich auf, und die asymmetrische Wölbung auf der Motorhaube, unter der ein 60 PS starker Motor aus dem Kadett lief, sorgte für einen Hingucker. Trotz großer Beliebtheit wurde der GT nur fünf Jahre lang gebaut – erst im Jahr 2000 brachte Opel wieder einen Sportwagen auf den Markt.

„DER GT WURDE EIN HIT BEI JUNGEN FAHRERN UND STILBEWUSSTEN KUNDEN, IN EUROPA EBENSO WIE IN DEN USA, WO BUICK IHN ALS ‚UNKOMPLIZIERTES SPORTCOUPÉ' VERMARKTETE."

OPEL

Ein Automobilhersteller für die breite Masse startete mit den weltweit ersten raketenbetriebenen Autos durch.

Dass ein ansonsten bodenständiger Autohersteller raketengetriebene Fahrzeuge baut, mag heute mehr als ungewöhnlich erscheinen. Doch in den experimentierfreudigen 1920er Jahren schien nichts unmöglich – besonders, wenn es darum ging, Geschwindigkeitsrekorde aufzustellen und die Aufmerksamkeit der Öffentlichkeit zu gewinnen. Fritz von Opel, Enkel des Firmengründers Adam Opel und mit allen Mitteln ausgestattet, war von der neuen, aufregenden Raketentechnik fasziniert. In den USA startete Robert Goddard 1926 die weltweit erste Flüssigkeitsrakete, während in Europa Pioniere wie Hermann Oberth und Max Valier vom Potenzial der Raketentechnik schwärmten. Letzterer verfasste begeisternde Artikel mit Titeln wie „In einer Stunde von Berlin nach New York" oder „Eine kühne Reise zum Mars".

Von Opel wandte sich an Valier mit einem noch nie dagewesenen Projekt: dem Bau eines raketengetriebenen Autos als Vorstufe zur Luft- und Raumfahrt. Im April 1928 erreichte der Opel RAK 1, ausgestattet mit einem Dutzend Raketen im Heck, aus dem Stand in 8 Sekunden auf 100 km/h. „Wir sind überzeugt, dass das raketenbetriebene Opel-Sander-Aggregat eine Geschwindigkeit erreichen wird, die man bislang auf der Erdoberfläche für unmöglich hielt", prahlte Opel in einer Pressemitteilung. Von da an gab es kein Halten mehr: Valier und von Opel montierten Raketen an Segelflieger, Gleitflugzeuge, Eisschlitten und stromlinienförmige Autos auf Eisenbahnschienen. (Ein raketenbetriebenes Motorrad wurde als zu gefährlich eingestuft.) Das weltweit erste Raketenflugzeug, die RAK.1, zierte ein OPEL-Logo – ein beeindruckender PR-Coup für Opel. Die RAK-Raketenfahrzeuge bewiesen nicht nur die Machbarkeit des Raketenantriebs, sondern lösten einen regelrechten „Raketenrummel" in der Öffentlichkeit aus. Vor tausenden Zuschauern erreichte der RAK 2 auf der AVUS in Berlin 238 km/h, und der RAK 3 stellte später mit 256 km/h einen Weltrekord auf – Jahre bevor sich die legendären Silberpfeile der 1930er Jahre auf derselben Strecke duellierten. Unter den Zuschauern befand sich auch Fritz Lang, Regisseur des Science-Fiction-Meisterwerks *Metropolis*, ebenso wie ein junger Mann namens Wernher von Braun, der so begeistert war, dass er sein

Mit zwölf Raketen im Heck stellte der RAK 1 1928 Rekorde auf. Opels raketengetriebene Fahrzeuge wirken wie Science-Fiction, gaben aber der Raumfahrtforschung einen Aufschwung.

Opel-Werbung von 1911. Das Unternehmen wurde 1862 als Fahrrad- und Nähmaschinenfabrik gegründet.

Streetracing-Szene aus *Manta, Manta, dem Film* von 1991, mit dem Til Schweiger bekannt wurde.

Unter dem Dach von General Motors erreichten Opel-Modelle wie der Kadett jeden Winkel der Welt und wurden unter Dutzenden von Markennamen verkauft.

Leben der Raketentechnik widmete – von der V2 bis zum Apollo-Programm.

Als Adam Opel 1862 in Rüsselsheim im industriellen Herzen Südwestdeutschlands mit der Produktion von Nähmaschinen begann, dachte noch niemand an Raketen. Der Erfolg der Nähmaschinen führte 1886 zur Herstellung von Fahrrädern: den damals modischen Hochrädern mit riesigen Vorderrädern. Doch niemand, der in der Mobilitätsbranche tätig war, konnte Carl Benz und seinen Patent-Motorwagen ignorieren, der im selben Jahr vorgestellt wurde. Drei Jahre nach Adams Tod war es seine Witwe Sophie Opel, die beschloss, das Unternehmen auf den Automobilbau umzustellen. Opel produzierte 1899 eine Serie von 65 Automobilen, was eine beachtliche Leistung in einer Zeit vor der Fließbandfertigung darstellte.

Inspiriert von Henry Fords Fortschritten in den USA, war Opel der erste deutsche Hersteller, der das Fließband einführte. Das erste Auto, das vom Band rollte, war der Opel 4 PS von 1924, mit dem niedlichen Spitznamen „Laubfrosch“, der auf die Mittelschicht abzielte. Der Legende nach wurden alle frühen Modelle grün lackiert – ähnlich wie Fords Model T, das es bekanntlich nur in Schwarz gab.

Opels RAK-Abenteuer in der zweiten Hälfte der 1920er Jahre veränderten das Automobilbild in Europa nachhaltig – mit oder ohne Raketenantrieb. Und auch im amerikanischen Detroit wurde man aufmerksam: Rüsselsheim war die produktivste Autofabrik Europas, und Opel war der erste europäische Hersteller, der über 100 000 Fahrzeuge im Jahr produzierte. 1931 wurde Opel eine hundertprozentige Tochtergesellschaft von General Motors. Während des Zweiten Weltkriegs sahen GM-Manager darüber hinweg, dass ihre deutsche Tochter die Nazi-Kriegsmaschinerie mit Fahrzeugen wie dem Blitz-Lkw belieferte. Es war eine komplizierte Beziehung zwischen Opel und dem amerikanischen Mutterkonzern, die dennoch für beide Seiten Gewinne abwarf.

Der Opel Olympia an einer Tankstelle. In den 1930er Jahren war Opel der größte Automobilhersteller in Deutschland und produzierte in seinem Werk in Rüsselsheim die meisten Autos in Europa.

„1972 WAR OPEL DIE MEISTVERKAUFTE AUTOMARKE DEUTSCHLANDS UND ÜBERHOLTE SOGAR VOLKSWAGEN.“

Brad Anderson machte aus dem Sportwagen für die Massen eine wahre Höllenmaschine.

Am Ende des Krieges hatten alliierte Bomben fast die Hälfte von Rüsselsheim zerstört. Der Wiederaufbau von Opel war schwierig, aber GM hatte einen Plan: Im Rahmen der Nachkriegsrestrukturierung wurde Opel mit Vauxhall in Großbritannien zusammengelegt, wobei letzteres die meisten Opel-Modelle übernahm, aber beide Firmen in ihren jeweiligen Märkten blieben. Das war eine gute Ausgangsposition. Der Opel Admiral war eine repräsentative Limousine, die es mit den Modellen von Mercedes-Benz aufnehmen konnte. Der Rekord wurde in den 1950er Jahren zum zweitmeistverkauften Auto Deutschlands (hinter dem preiswerten VW-Käfer) und bot den Buick-Look in kleinerem Format.

Der amerikanische Einfluss war unübersehbar: Der 1968 vorgestellte Opel GT ähnelte einer Mini-Corvette – halb so groß, halb so stark, aber ein Hit bei jungen und junggebliebenen Fahrern. Und der Manta – entworfen von Chuck Jordan, der von Cadillac zu Opel wechselte – war ein kantiger Muscle Car im Stil der 1970er mit Rennstreifen, Ausstattungsvarianten wie „Swinger“ und „Black Magic“ sowie sportlichen Alufelgen und Vinyldach. Der Manta war so beliebt, dass seine Fahrer zum popkulturellen Klischee wurden – ähnlich wie Camaro-Fahrer in den USA oder Boy Racer weltweit – und in Spielfilmen karikiert wurden.

1972 war Opel die meistverkaufte Automarke Deutschlands und überholte sogar Volkswagen, das mit dem Kassenschlager Golf konterte. Opel reagierte auf diesen neuen Kompaktwagenstandard mit einer völlig neuen Plattform mit Frontantrieb, die weltweit zum Einsatz kam. Die Kadett-Baureihe wurde unter anderem mit Chevrolet, Pontiac, Isuzu in Japan und Daewoo in Südkorea zusammen vermarktet.

Opels Erfolge im Tourenwagensport steigerten auch das Straßenimage. Der Astra, der den Kadett ablöste, war Basis für einige der leistungsstärksten Hot Hatches. Lotus half dabei, aus dem Opel Omega eine präzise abgestimmte, verblüffend schnelle Sportlimousine zu machen. Zehn Jahre später stellte Opel den Speedster vor – ein Leichtbausportwagen in der Tradition des GT, diesmal jedoch mit Mittelmotor und Aluminium-Chassis von Lotus.

In den 1990er Jahren konnte auch eine neue Generation moderner Limousinen und Schrägheckmodelle Opel nicht vor dem Niedergang bewahren. Das letzte Jahr, in dem Opel für GM Gewinn abwarf, war 1999. Zehn Jahre später, bei der Insolvenzmeldung von GM, beliefen sich die Verluste in Europa auf fast 20 Milliarden Dollar. Nach 90 Jahren verkaufte GM Opel und Vauxhall im Jahr 2017 an die französische PSA-Gruppe. Für ein paar Jahre waren die deutschen und britischen Marken Schwesterfirmen von Peugeot und Citroën – bis sie 2021 mit Fiat Chrysler Automobiles zur internationalen Unternehmensgruppe Stellantis verschmolzen.

Damit endete eine Ära. GM-Analysten kamen zu dem Schluss, dass der europäische Markt die hohen Investitionen nicht mehr wert war. Stattdessen sollten neue Märkte in Asien und Südamerika in den Fokus rücken. Ironischerweise war es Opels Rentabilität in den 1990er Jahren gewesen, die GM ursprünglich den Einstieg in China ermöglicht hatte. Es bleibt abzuwarten, wie sich dieses neue europäische Bündnis in einem sich ständig wandelnden Markt behauptet. Für ein Unternehmen, das mit raketenbetriebenen Autos berühmt wurde, wäre vielleicht ein Flug zum Mond das Richtige.

Fritz von Opel schüttelt auf der ersten Testfahrt seines RAK-Raketenwagens 1928 hinter dem Steuer die Hände.

„DER OPEL GT ÄHNELTE EINER MINI-CORVETTE – HALB SO GROSS, HALB SO STARK, ABER EIN HIT BEI JUNGEN UND JUNGGEBLIEBENEN FAHRERN.“

Links: Der ehemalige Rennfahrer Stirling Moss mit seinem Opel GT im Jahr 1969. *Rechts:* Der Opel Manta GT/E verband sportliches Aussehen mit Fahrspaß und einem erschwinglichen Preis.

Opel ist eng mit Vauxhall in Großbritannien verbunden – beide gehörten jahrzehntelang zu General Motors.

GLAS 2600 V8

Der Plan, einen eigenen V8-Motor zu entwickeln, führte zum Untergang des Kleinstwagenherstellers.

Die Hans Glas GmbH wurde 1883 als Firma für landwirtschaftliche Maschinen in Niederbayern gegründet, stieg jedoch nach dem Zweiten Weltkrieg in die Autoproduktion ein. Ihr winziges Goggomobil war Teil des Kleinstwagentrends, der Europa damals erfasste: Die Fahrzeuge sahen aus wie normale Autos, waren aber auf Miniaturgröße geschrumpft. Der luftgekühlte Zweitakter Goggo war ein Hit und verkaufte sich fast 300 000-mal – als Limousine, Lieferwagen und Pickup, sogar als winziges Coupé und Cabrio. Beflügelt durch diesen Erfolg entwickelte Glas größere Fahrzeuge mit Vierzylindermotoren und brachte 1963 auch das formschöne Fließheck-Coupé Glas GT heraus, das an eine aufrechtere Version des Porsche 911 erinnerte.

Doch Glas hatte größere Ambitionen – ähnlich wie Iso in Italien, dessen Isetta schließlich zu den Grand Tourern Rivolta und Grifo führte, oder BMW, das mit seiner lizenzierten Isetta ebenfalls erfolgreich war. Glas wandte sich erneut an italienische Designer – und zwar an Pietro Frua, der gerade auf dem Höhepunkt seiner Karriere stand und bereits den Glas GT gestaltet hatte.

Frua war schon in jungen Jahren mit den zukünftigen Designkoryphäen Italiens in Kontakt gekommen. Mit 22 Jahren begann er seine Karriere bei Stabilimenti Farina beim Bruder des berühmten Battista „Pinin" Farina, wo er eine Schlüsselrolle bei der Entwicklung der Vespa spielte, bevor er sich 1938 selbstständig machte. 1944 übernahm er eine vom Krieg zerstörte Fabrik in Turin und beschäftigte dort renommierte Designer wie Giovanni Michelotti und Sergio Coggiola. Es folgte eine glanzvolle Laufbahn, unter anderem mit Maserati, für das er mit dem A6 das erste Nachkriegssportmodell gestaltete. Frua nahm auch ungewöhnliche Aufträge an – für Renault den Floride, für Volvo das P1800 Coupé oder ein kleines Coupé für den deutschen Hersteller Lloyd.

Gleichzeitig blieben die Aufträge von Maserati nicht aus, darunter ein nobler Entwurf des 3500 GT, sein Nachfolger Mistral, die erste Serienversion des Quattroporte sowie eine Sonderausgabe des 5000 GT. Fruas Handschrift war unverkennbar: markante, senkrecht stehende Frontscheinwerfer, kantige Proportionen, kurze Heckscheiben, lange, betonte Linien, große senkrechte Kühlergrills. Sie ergaben eine scheinbar widersprüchliche Formensprache, die trotzdem harmonierte.

Diese markante Designsprache brachte Frua erneut ein, als Glas ihn um einen Entwurf bat. Beim neuen Glas-Coupé zog sich der Frontgrill über die ganze Breite, wölbte sich um rechteckige Scheinwerfer und wurde von einer kleinen Zusatzöffnung auf der Motorhaube ergänzt. Als das neue Coupé 1965 auf der IAA in Frankfurt debütierte, wurde es von der Presse spöttisch, aber anerkennend „Glaserati" genannt. Um mehr Leistung zu erzielen, kombinierte Glas zwei seiner Vierzylindermotoren zu einem V8: Das Ergebnis waren 150 PS und eine Spitzengeschwindigkeit von fast 200 km/h.

1967 wurde Glas von BMW übernommen, das die Modelle überarbeitete, mit dem BMW-Logo versah und eine Variante als BMW-Glas 3000 V8 vermarktete. Doch die Neue Klasse von BMW mit Sechszylinder-Coupés setzte sich schließlich am Markt durch. Heute ist das ehemalige Glas-Werk in Dingolfing einer der größten Produktionsstandorte von BMW. Die Glas-V8-Coupés sind heute extrem selten, ein attraktiver, italienisch-deutscher Exot in den BMW-Annalen.

DGF-V 393

GLAS 2600 V8

Hersteller: Hans Glas GmbH / BMW (spätere Modelle)
Designer: Pietro Frua
Produktionsjahre: 1966–1968
Motor: 2580 cm³ SOHC V8
Getriebe: 4-Gang-Schaltgetriebe
Maximale Leistung: 150 PS
Maximales Drehmoment: 203 Nm
Gewicht: 1350 kg
Leistung / Gewicht: 111 PS / t
0–100 km / h: 10,4 Sek.
Höchstgeschwindigkeit: 198 km
Neupreis: 18 000 DM

Sowohl der Maserati Quattroporte als auch das Glas-Coupé endeten mit unspektakulär rechteckigen Heckpartien. Trotz der Größenunterschiede teilten beide Pietro Fruas Sinn für Proportionen und kantige Akzente – und beide verfügten schließlich über V8-Motoren.

„ALS DAS NEUE COUPÉ 1965 AUF DER IAA IN FRANKFURT DEBÜTIERTE, WURDE ES VON DER PRESSE SPÖTTISCH, ABER ANERKENNEND ‚GLASERATI' GENANNT."

MERCEDES-BENZ C111

Der futuristische Supersportwagen war ein rekordverdächtiges Experiment auf Rädern.

Für Mercedes-Benz bedeutete der C111 die Rückkehr zum Supersportwagen, den das Unternehmen in den 1950er Jahren mit dem 300 SL „erfunden" hatte. Allerdings diente das C111-Konzept auch als Versuchsfeld für ein Mittelmotor-Layout, einen Kreiskolbenmotor und eine futuristische Keilform in auffälligem Orange.

1970 war klar, dass das Mittelmotorformat zum guten Ton der Zukunft gehören würde. Lamborghini hatte diesen Standard erst zwei Jahre zuvor eingeführt, und eine Reihe von Konzeptfahrzeugen taten es Lamborghini gleich: der Maserati Boomerang, der Lancia Stratos Zero und der Alfa Romeo Carabo. Ein Mittelmotor bedeutete eine niedrigere, windschnittigere Form – ein Ausdruck des Futurismus, allerdings mit so wenigen Linien wie möglich.

Im Gegensatz zu diesen italienischen Konzepten wies der C111 noch eine Handvoll gut platzierter Kurven auf: Die von Giorgetto Giugiaro und Marcello Gandini eingeleitete Revolution des gefalteten Papiers hatte sich in Deutschland noch nicht durchgesetzt. Stattdessen bewiesen die gerundeten Kotflügel des C111, die breiten hinteren Streben und die anmutig geschwungenen seitlichen Lufteinlässe eine eher rationale Formensprache. Lediglich die ikonischen Flügeltüren waren eine spielerische Reminiszenz an den 300 SL.

Der C111 war einer der frühesten Entwürfe von Bruno Sacco, der 1975 Designchef von Mercedes-Benz wurde. Sacco prägte eine ganze Generation ikonischer Fahrzeuge: Vom stattlichen S-Klasse-Modell von 1979 bis zum geschwungenen SL-Roadster der Jahrtausendwende gingen alle durch seine Hände. Der C111 trägt unverkennbar Saccos Handschrift. Dazu gehören die langen horizontalen Linien am Heck, die sich in den Rückleuchten der Modelle der 1980er und 1990er Jahre wiederfinden, sowie ein makelloses Gespür für Proportionen mit viel vorderem Überhang, um den Raum zwischen den Rädern optimal auszunutzen und gleichzeitig Platz für Insassen und Motor zu maximieren.

Der erste C111, der 1969 auf der IAA vorgestellt wurde, hatte einen für die damalige Zeit radikalen Dreischeiben-Wankelmotor. Alle Automobilhersteller der Zeit waren von dem leichten, hochdrehenden und kompakten Antrieb fasziniert. NSU war der erste Hersteller, der 1964 ein Auto mit Drehkolbenmotor auf den Markt brachte, während das stets avantgardistische Citroën den GS Birotor in die Hände ausgewählter Kunden legte. Letztlich hielt nur Mazda bis 2012 an dem Konzept fest.

Die Dreischeiben-Version des C111 leistete 276 PS, und nur ein Jahr später erschien auf dem Genfer Autosalon eine neue C111-Variante mit vier Scheiben und 345 PS, die Mercedes bis zu 300 km/h testete. Allerdings erwiesen sich die ersten elf C111-Prototypen als unzuverlässig. Daher wurde ein zwölftes Exemplar mit einem Turbodieselmotor gefertigt – und was könnte in der Zeit der Ölkrise passender sein als ein Supersportwagen mit Dieselmotor? Die rekordverdächtigen Testfahrten des C111 führten schließlich zum ersten Turbodieselauto der Welt, dem 300 SD. Doch Mercedes war noch nicht fertig mit dem C111. Zwei Exemplare mit Twin-Turbo-V8-Motoren stellten 1979 mit 404 km/h Geschwindigkeitsrekorde auf.

Mercedes plante 50 Exemplare des C111 zu bauen. Doch schließlich führte die mangelnde Zuverlässigkeit des Wankelmotors dazu, dass der Vorstand sich mit nur einer Stimme gegen das Projekt entschied. Dennoch bleibt der C111 eine Ikone im Mercedes-Pantheon: Er verbindet den 300 SL mit den CLK GTR-Homologations-Rennwagen, dem SLS AMG und dem Mercedes-AMG ONE.

max. 120 km/h

Mit seinen Flügeltüren, ultrabreiten Einstiegen und der niedrigen, keilförmigen Nase sorgt der C111 noch heute für Aufsehen, wo immer er auftaucht. Die metallic-orangene Lackierung war eine Abkehr vom traditionellen Silberpfeil-Look, verkörperte aber dennoch den Geist des Hauses.

S-AN 661H

MERCEDES-BENZ C111

Hersteller: Mercedes-Benz
Designer: Bruno Sacco
Produktionsjahre: 1969–1970 (16 produzierte Prototypen)
Motor: 3.600 cm³ M 950 F 3-Scheiben-Wankel-Kreiskolbenmotor (C111 I) / 4800 cm³ M 950 / 4 4-Scheiben-Wankel-Kreiskolbenmotor (C111 II) / 3005 cm³ OM 617 SOHC-Reihen-5-Zylinder-Dieselmotor (C111 II-D und C111 III) / 4500 cm³ M117 Doppelturbo SOHC-V8 (C111 IV)
Getriebe: 5-Gang-Schaltgetriebe
Maximale Leistung: 280 PS (C111 I) / 350 PS (C111 II) / 190 PS (C111 II-d) / 231 PS (C111 III) / 500 PS (C111 IV)
Maximales Drehmoment: 294 Nm (C111 I) / 392 Nm (C111 II)
Gewicht: 1100 kg
Leistung / Gewicht: 254 PS / t (C111 I) / 454 PS / t (C111 IV)
0–100 km / h: 4,7 Sek. (C111 I)
Höchstgeschwindigkeit: 260 km / h (C111 I) / 300 km / h (C111 II) / 404 km / h (C111 IV)
Neupreis: unbekannt

Drei verschiedene Motoren kamen in unterschiedlichen Prototypen des C111 zum Einsatz, darunter ein Dreischeiben-Wankelmotor, ein Fünfzylinder-Diesel und ein 4,5-Liter-V8 mit Doppelturbo. Dank der verbesserten Karosserie und einem cW-Wert von nur 0,195 erreichte der V8-angetriebene C111 IV Geschwindigkeiten von über 400 km/h.

„DER C111 WAR EINER DER FRÜHESTEN ENTWÜRFE VON BRUNO SACCO, DER 1975 DESIGNCHEF VON MERCEDES-BENZ WURDE."

1970er

RADIKALER CHIC IN EINEM TURBOGELADENEN JAHRZEHNT

Berlin wurde in den 1970er Jahren zum künstlerischen Hotspot, und deutsche Ingenieurskunst zum weltweiten Vorbild.

Das Berlin der 1970er Jahr war ein einzigartiger Ort, eine geteilte Stadt voller Widersprüche. Spione berichteten an die Stasi und nach Moskau. Umgekehrt sollen zu Beginn des Jahrzehnts bis zu 1000 CIA-Mitarbeiter in der Stadt stationiert gewesen sein. Und doch bot die Stadt viele Freiräume für die Kunst. Der Film *Cabaret* unter der Regie des legendären Choreografen Bob Fosse und mit Liza Minnelli in der Hauptrolle war eine Hommage an die Vergangenheit der Stadt, als der Hedonismus der Weimarer Republik dem Faschismus weichen musste. David Bowie erfand sich neu, diesmal als Thin White Duke, als er 1976 auf der Suche nach seinen Krautrock-Helden nach Berlin ging. Zu ihm gesellte sich Iggy Pop, der „Godfather of Punk", der sich 1974 von den Stooges getrennt hatte. Völlig orientierungslos und in Exzessen versunken, nahm er eine Einladung zu einer Tournee mit Bowie an. Gemeinsam entstanden einige der bedeutendsten Alben des Jahrzehnts. „Er hat mich wieder zum Leben erweckt", sagte Pop nach Bowies Tod im Jahr 2016. „Er hat sich sehr bemüht, mir etwas gutes Karma zu schenken." Nachdem er die Stadt 1978 wieder verlassen hatte, wurde Bowie auf den geheimnisvollen Klaus Nomi aufmerksam, der an der Universität der Künste Berlin studiert hatte. In der Kunstszene des East Village in Manhattan fand der Countertenor Nomi seine neue Heimat. Dort wurden seine Fremdheit und Exzentrik zum Markenzeichen spektakulärer Performances.

Ähnlich unverwechselbar und authentisch war der vielschichtige Sound von Kraftwerk, die mit Alben wie *Autobahn* (1974) und *Trans-Europe Express* (1977) ganz bewusst ihre deutsche Herkunft feierten – repetitive, wegweisende Synthesizer-Musik als unverhohlene Ode an den deutschen Beitrag zur Mobilisierung der Massen. Wer denkt, dieses Thema sei Nischenkultur gewesen, irrt: Kraftwerk beeinflusste später ganze Genres – von Hip-Hop über Post-Punk bis hin zu Techno – insbesondere jene Club- und Techno-Szene, für die Berlins Nachtleben bis heute berühmt ist.

Für eine kurze Zeit in diesem Jahrzehnt hatten die kreativen Köpfe etwas gemeinsam: künstlerische Freiheit, die es ihnen erlaubte, mit dem Konservatismus zu brechen. Eine neue Generation von Regisseuren wie Rainer Werner Fassbinder, Wim Wenders oder Werner Herzog rückte das deutsche Kino erstmals seit den 1930er Jahren, als ihre Vorbilder das Land verlassen mussten, wieder ins internationale Rampenlicht. Ihre Bewegung, der Neue Deutsche Film, war so radikal ehrlich und stilistisch mutig wie einst die Nouvelle Vague in Frankreich oder der Neorealismus in Italien.

In der Autoindustrie fanden parallele Revolutionen statt, mit wachsenden Exporten und fortschrittlicher Technologie. Nichts verkörperte dies besser als der neue Audi-Slogan „Vorsprung durch Technik". Von einer britischen Werbeagentur entwickelt, umkurvte der Slogan geschickt die kulturellen Tabus der Nachkriegszeit und stand für das neue Deutschland, in dem Innovation und Nationalstolz wieder positiver konnotiert waren. Die deutsche Identität war nicht mehr Makel, sondern Markenbotschaft.

Links: Formel-1-Weltmeister Niki Lauda erlitt 1976 bei einem Unfall beim Großen Preis von Deutschland schwere Verbrennungen.
Rechts: Der Film *Cabaret* mit Liza Minnelli von 1972 weckte die Faszination für das Berlin der Zwischenkriegszeit.
Gegenüber: Die neu formierte Audi NSU Auto Union AG präsentiert 1971 ihre Modellpalette.

HN-JE 811
IN-AE 67
HN-ES 191
HN-JL 163

Beim 24-Stunden-Rennen von Daytona 1970 liefern sich Jo Siffert und Brian Redman im Porsche 917 K ein Duell mit Mario Andretti, Arturo Merzario und Jacky Ickx im Ferrari 512 S.

Auch die Weltbühne bot Anlass zur Freude. 1970 gewann Porsche mit dem 917K zum ersten Mal die 24 Stunden von Le Mans und sollte bis zum Ende des Jahrzehnts noch drei weitere Siege einfahren. 1974 war Westdeutschland Gastgeber der FIFA-Weltmeisterschaft und wurde, trotz einer Niederlage gegen die DDR in der Vorrunde, durch einen Sieg gegen die Niederlande in München Weltmeister. Im selben Jahr stellte Volkswagen den Golf als Nachfolger des Käfers vor. Nach beinahe 20 Jahren Entwicklungszeit präsentierte VW ein frontgetriebenes, wassergekühltes, modernes Fahrzeug mit klaren Linien, gestaltet von Giorgetto Giugiaro bei Italdesign. Giugiaro, der später zum Autodesigner des Jahrhunderts gekürt wurde, prägte mit seinem „Gefalteten-Papier"-Stil die Supersportwagen der 1970er Jahre – doch der Golf wurde sein bekanntestes Werk.

Die erfolgreiche italienisch-deutsche Verbindung zwischen Giugiaro und Volkswagen setzte sich vor allem beim Scirocco und Passat sowie beim Konzeptfahrzeug Porsche Tapiro fort. Für Mercedes-Benz schuf Bruno Sacco aus Udine im Nordosten Italiens während seiner langjährigen Tätigkeit als Chefdesigner einige der bekanntesten und elegantesten Modelle, die bis weit ins neue Jahrtausend fuhren. Einen ersten bedeutenden Eindruck hinterließ er mit dem Mercedes C111, einem leuchtend orangefarbenen, keilförmigen Sportwagenkonzept mit Heckflügel, in dem fortschrittliche Technologien steckten: Wankelmotoren, Diesel- und V8-Motoren, vor allem aber ein Turbolader.

Turbolader waren an sich nichts Neues: In Flugzeugmotoren wurden sie bereits im Zweiten Weltkrieg eingesetzt, um konstant hohe Geschwindigkeiten und größere Flughöhen zu erreichen. In der Welt der Serienfahrzeuge war der BMW 2002 Turbo das erste Modell in Europa, das auf diese Technologie setzte, mit markanten Streifen und einem „Turbo"-Schriftzug in Spiegelschrift auf dem Frontspoiler, damit vorausfahrende Autos ihn im Rückspiegel lesen konnten, bevor sie Sekunden später von ihm überholt wurden.

Porsche nutzte Turbotechnologie zur Entwicklung großartiger Sportwagen. Der Porsche 930 Turbo, abgeleitet von den erfolgreichen RSR-Rennwagen, war extrem leistungsstark. Mit ausgestellten Kotflügeln und seinem exzentrischen „Walflossen"-Heckspoiler prägte er das Bild der Supersportwagen dieser Zeit – ohne zu versprechen, dass er einfach zu fahren sei. Fahrer mussten sich den Fahrspaß verdienen – mit Mut, Können und der Bereitschaft, sich auf technischen Fortschritt einzulassen.

„IN DER AUTOINDUSTRIE FANDEN PARALLELE REVOLUTIONEN STATT MIT WACHSENDEN EXPORTEN UND FORTSCHRITTLICHER TECHNOLOGIE."

Links: Die Mannschaftskapitäne Franz Beckenbauer (BRD) und Bernd Bransch (DDR) bei der Fußballweltmeisterschaft 1974. *Rechts:* Zeitschriftenwerbung für den Porsche 914.

BMW 3.0 CSL

Das auffällige Design dieses beeindruckenden Sportwagens brachte ihm den Spitznamen „Batmobil“ ein.

Als Teil der äußerst erfolgreichen Neuen Klasse eingeführt, war der BMW 2800CS modern, elegant und zukunftsweisend. Die unter der Leitung von Wilhelm Hofmeister entwickelten CS-Coupés verfügten über vier Scheinwerfer unter einer stark geneigten Motorhaube, verzichteten auf eine B-Säule, was für ein luftigeres Erscheinungsbild sorgte, und machten den besonderen Übergang der C-Säule zur Unterkante des hinteren Seitenfensters – den „Hofmeister-Knick“ – zu ihrem Markenzeichen. Das schwerfällige und überladene Äußere früherer BMW-Modelle, die als „Barockengel“ verspottet wurden, war endgültig passé. Die Modelle der Baureihe E9 waren leicht, luftig und sportlich.

Tuning-Firmen wie Alpina und Schnitzer erkannten das Potenzial des neuen CS. Alpina war das erste Unternehmen, das den CS für den Rennsport entdeckte. Beim 24-Stunden-Rennen von Spa 1969 setzte der langjährige BMW-Tuner einen 2800CS ein, der abgesehen vom Motor nahezu serienmäßig war. Trotz Standardbremsen, Serienfahrwerk und relativ hohem Gewicht erreichte er einen respektablen neunten Platz. Im Jahr darauf entwickelte Alpina das große Coupé weiter zu einem echten Rennwagen, trat damit in Spa an – und gewann!

Für die Anforderung des Langstreckenrennsports war der 2800CS ausreichend robust; und auch Leistung und Fahrwerk, die von Alpina und Schnitzer jeweils optimiert wurden, passten. Aber das Gewicht, das eher einem Grand Tourer entsprach, stellte ein Problem dar.

In der Tourenwagen-Europameisterschaft war Ford mit seinem Capri das Maß der Dinge. BMW-Manager warben daraufhin Fords führenden Motorsportingenieur Jochen Neerpasch ab und boten ihm die Leitung einer neuen Motorsportabteilung bei BMW an. Kaum hatte er die Führung übernommen, begann das Team mit dem ersten Projekt: Aus dem CS sollte ein Leichtbauwagen werden.

Neerpasch ließ fast jedes Bauteil des CS auf mögliche Gewichtsersparnis untersuchen. Türen, Kotflügel und Motorhaube wurden aus Aluminium gefertigt, die Glasscheiben durch Plexiglas ersetzt. Für Dach und Radkästen verwendete er dünneres Blech. Doch es war das Aerodynamik-Paket, das dem daraus resultierenden CSL seinen legendären Spitznamen einbrachte. Der verchromte vordere Stoßfänger wurde durch eine umlaufende Spoilerlippe ersetzt. Schwarze Luftleitbleche flankierten die Motorhaube, und ein Spoiler zierte die Heckscheibe. Das absolute Highlight war jedoch der große Heckflügel – er musste dem Besitzer unmontiert im Kofferraum geliefert werden, da er in Deutschland für die Straße nicht zugelassen war.

Um 180 Kilogramm erleichtert, dominierte der CSL die Tourenwagen-Europameisterschaft und gewann zwischen 1973 und 1979 sechs Titel. Bereits im ersten Jahr siegte er unter anderem bei der Deutschen Tourenwagen-Meisterschaft (DTM) auf der Nürburgring-Nordschleife und in seiner Klasse beim 24-Stunden-Rennen von Le Mans. 1974 konnte Ford BMWs Siegesserie kurzzeitig unterbrechen, doch am Ende setzte sich der CSL durch – sein letzter Titelgewinn erfolgte vier Jahre nach dem Produktionsende des CS-Coupés.

In Comics und auf der Kinoleinwand scheint Batmans Auto unaufhaltsam oder gar unverwundbar zu sein. Wie sich herausstellte, war dieser Spitzname durchaus passend.

OPA 865L

Die Homologationsversion des 3.0 CSL gab es in einer zahmen und einer wilden Version. Nur wenige besaßen seitliche schwarze Luftführungen an den vorderen Kotflügeln, einen Heckscheiben-Spoiler und einen riesigen Heckflügel, der ihm den Spitznamen „Batmobil“ einbrachte. Unabhängig von der Karosserieform waren alle CSLs etwa 180 kg leichter als das normale 3.0 CS Coupé.

3.0 CSL

Insgesamt wurden nur 1265 CSLs gebaut – jeder einzelne eine Ikone: Der CSL markierte die Geburtsstunde der BMW Motorsport GmbH, ein wesentlicher Bestandteil der Marke. Der CSL war auch das erste Fahrzeug, das die dreifarbigen M-Streifen trug und diente zudem als Basis für die ersten BMW Art Cars, auf denen sich Alexander Calder und Frank Stella verewigten.

„ANDERS ALS DIE SCHWERFÄLLIGEN UND ÜBERLADENEN FRÜHEREN BMW-MODELLE WAREN DIE DER BAUREIHE E9 LEICHT, LUFTIG UND SPORTLICH."

BMW 3.0 CSL

Hersteller: BMW
Designer: Wilhelm Hofmeister
Produktionsjahre: 1972–1975
Motor: 3003 cm³ M30 SOHC-Reihen-6-Zylinder
Getriebe: 4-Gang-Schaltgetriebe
Maximale Leistung: 206 PS
Maximales Drehmoment: 286 Nm
Gewicht: 1165 kg
Leistung / Gewicht: 177 PS / t
0–100 km / h: 7,1 Sek.
Höchstgeschwindigkeit: 222 km / h
Neupreis: 31 950 DM

PORSCHE 911 SC

Der unverwüstliche „Super Carrera" entging nur knapp dem Schicksal, der letzte Porsche 911 zu werden.

Veränderungen sind unvermeidlich, daher stellt sich die Frage: Wie hält man ein altes Schlachtross über ein Jahrzehnt lang am Leben? In der notorisch launischen Automobilwelt, in der oft nur noch der Name an das ursprüngliche Modell erinnert, grenzt es beinahe an ein Wunder, dass es der Porsche 911, der 1963 erstmals vorgestellt wurde, bis ins 21. Jahrhundert geschafft hat. Das Geheimnis seiner Langlebigkeit? Ständige Weiterentwicklung – auch wenn das Ergebnis mitunter sperrig wirkte. Vor der Jahrtausendwende markierte das 911-SC-Modell, eingeführt 1978, die wohl auffälligste Veränderung – und beinahe das Ende der 911-Baureihe.

Nur wenige Automobilhistoriker würden die 1970er Jahre als besonders inspirierend bezeichnen: Die Ölkrise, fragwürdige Sicherheitsvorschriften, leistungshindernde Abgasnormen und sogar das Infragestellen der Sicherheit von Cabrios bestimmten das Jahrzehnt, vor allem auf dem wichtigen US-Automarkt. Und doch stand SC für „Super Carrera" – ein optimistischer Superlativ, der frisches Interesse für einen Sportwagen wecken sollte, dessen Existenz bei Porsche selbst auf der Kippe stand.

Bekanntlich brachte Porsche gegen Ende der 1970er Jahre den 928 auf den Markt – mit einem vorne verbauten V8-Motor und der Absicht, den nächsten großen Sportwagen zu schaffen. Der 356 hatte über ein Jahrzehnt überdauert, ebenso wie sein Nachfolger, der 911. Aber anders als heute war Nostalgie in den 1970ern einfach kein überzeugendes Verkaufsargument. Der neue SC verfügte über die von US-Vorgaben geforderten, dicken, gummierten Stoßfänger, die formschön in das Design des 911 integriert wurden. Die auffälligste Neuerung des SC war jedoch die Vergrößerung des Motors von 2,7 auf satte 3 Liter Hubraum. Dezent verbreiterte hintere Kotflügel machten den „Super"-Status des SC optisch erlebbar, auch wenn sie nicht so ausladend waren wie beim Turbo – der nach nur einem Jahr wieder vom US-Markt, dem damals größten für Porsche, verschwand.

US-Automobilzeitschriften beschrieben das Fahrerlebnis des SC vorsichtig als „ungewöhnlich". Als der SC herauskam, war er in den wichtigen Märkten das einzige Auto mit Heckmotor und laut einem Testbericht der Zeitschrift *Car and Driver* „so wütend, unberechenbar und übersteuernd" wie eh und je. Kurz gesagt: ein altes, unverfälschtes Fahrerlebnis – und genau das machte ihn einzigartig. Am Ende hatte der 911 jedoch das letzte Wort: Der SC wurde zwei Jahre in Folge zum meistverkauften 911-Modell.

Den 911 auf den Nostalgieaspekt zu reduzieren, wird ihm nicht gerecht. Heute erreicht selbst das Basismodell 911 Carrera beinahe Supersportwagen-Werte – ganz zu schweigen vom rennstreckentauglichen GT3, dem bärenstarken Turbo oder den zahlreichen Sondereditionen, die das Interesse an Porsche lebendig halten. Im Jahr 2023 feierte der 911 sein 60-jähriges Jubiläum – mit exklusiven Heritage-Editionen, verziert mit Pepita-Sitzen und klassischen Rundaufklebern. In Modellen wie dem GT3 Touring vereinen sich Tradition und Fortschritt auf perfekte Weise. Womöglich ist all das dem damals zukunftsweisenden 911 SC zu verdanken, der Tradition und innovative Technik vortrefflich in Einklang brachte.

Mit der Porsche-Begeisterung auf einem historischen Höhepunkt haben sich auch die SC-Coupés ihren Platz in den Herzen der Sammler erobert. Die fünf Rundinstrumente sind zum Markenzeichen des 911 geworden, wobei der Drehzahlmesser im Zentrum steht. Genau wie bei den Rennwagen war die Motordrehzahl wichtiger als die Fahrzeuggeschwindigkeit.

PORSCHE 911 SC

Hersteller: Porsche AG
Designer: Ferdinand Alexander Porsche / Erwin Komenda
Produktionsjahre: 1978–1983
Motor: 2994 cm³ SOHC-Sechszylinder-Boxermotor
Getriebe: 5-Gang-Schaltgetriebe
Maximale Leistung: 180 PS
Maximales Drehmoment: 265 Nm
Gewicht: 1120 kg
Leistung / Gewicht: 161 PS / t
0–100 km / h: 6,5 Sek.
Höchstgeschwindigkeit: 225 km / h
Neupreis: 39 900 DM

Trotz der optischen Schwere der Prallstoßstangen mit schwarzen Faltenbälgen blieb die ikonische Form des 911 unverändert. Es war das erste Mal, dass Porsche seinen luftgekühlten Sechszylinder-Boxermotor auf 3,0 Liter vergrößerte – ein Meilenstein für diesen legendären Antrieb. Die fünfspeichigen Felgen von Fuchs aus Aluminiumlegierung sind ein fester Bestandteil des 911-Designs.

„SC FÜR ‚SUPER CARRERA' WAR EIN OPTIMISTISCHER SUPERLATIV, DER FRISCHES INTERESSE FÜR EINEN SPORTWAGEN WECKEN SOLLTE, DESSEN EXISTENZ BEI PORSCHE SELBST AUF DER KIPPE STAND."

DIE AUTOBAHN

Deutschlands Autobahnen sind weltweit ein Symbol für den Automobilismus.

Für Deutsche und Autoliebhaber weltweit ist die Autobahn nicht nur ein Straßennetz, sondern fast ein Sehnsuchtsort. Die rund 200 km zwischen Köln und Frankfurt am Main kann man theoretisch mit durchgetretenem Gaspedal zurücklegen, und wo Tempolimits bestehen, liegen sie meist bei 130 km/h – einem der höchsten Werte weltweit. Die Autobahn hat die Automobiltechnik geprägt und die Entwicklung des Grand-Touring-Wagens beeinflusst. Selbst die kleinsten Volkswagen verfügen über ausreichende Stabilität bei hohen Geschwindigkeiten, um autobahntauglich zu sein. Ihre schiere Länge – mit über 13 000 km eines der größten Netze der Welt –, ihre Einheitlichkeit und die strikte Überwachung der Verkehrsregeln haben die Aura der Autobahn geprägt.

Die Idee der Autobahn entstand in den 1920er Jahren. Inspiriert von transkontinentalen Routen wie dem Lincoln Highway in den USA, wurde 1932 in der Weimarer Republik die erste öffentliche Strecke zwischen Köln und Bonn fertiggestellt. Das NS-Regime sah in der Autobahn ein Symbol technologischer Überlegenheit, und ein Abschnitt wurde sogar für Hochgeschwindigkeitsfahrten und Geschwindigkeitsrekorde genutzt: Die haarnadelförmige AVUS-Rennstrecke bestand aus einer 10 km langen Geraden mit Steilkurven an beiden Enden. Die Strecke existierte bis 1998, als sie in die Bundesautobahn 115 integriert wurde.

Auf der Autobahn liegt der Fokus auf gutem Fahrverhalten. Auf der Autobahn zu fahren, ist kein Recht, sondern ein Privileg, das man sich durch Übung und Aufmerksamkeit verdienen muss. Wer drängelt, rechts überholt, grundlos anhält oder in einer Baustelle minimal zu schnell fährt, muss mit einem Bußgeld rechnen. Die Autobahn hat ihre eigene Polizei, die den Verkehr mit zivilen Einsatzfahrzeugen und Blitzern überwacht. Die Autobahnpolizei ist seit den 1990er Jahren Gegenstand der Actionserie *Alarm für Cobra 11*. Bei den spektakulären Verfolgungsjagden setzt sie dort noch immer einen Porsche 911 ein.

Nicht von ungefähr existiert die Autobahn in einem Land, in dem der Erwerb des Führerscheins mehrere Monate dauern und Tausende Euro kosten kann. Autofahren in Deutschland ist gleichermaßen ein Spiegelbild einer geschwindigkeitsbesessenen Autokultur als auch deren Alltäglichkeit. Ihre Zukunft ist aber auch Gegenstand von Diskussionen: Die Grünen beispielsweise fordern ein generelles Tempolimit, um die Emissionen zu reduzieren. Hier könnten Elektrofahrzeuge die Rettung der Autobahn in ihrer heutigen Form bedeuten. Die mühelose Geschwindigkeit und Beschleunigung dieser Fahrzeuge scheinen das Beste aus beiden Welten zu vereinen. Denn ganz gleich, was man selbst fährt, irgendjemand ist immer schneller. Und dieser jemand wird wahrscheinlich schon im Rückspiegel mit der Lichthupe auf sich aufmerksam machen.

Das 1974 erschienene Album *Autobahn* von Kraftwerk wurde von der Faszination des Autofahrens inspiriert und enthielt in seinem 22-minütigen Titeltrack sogar Autogeräusche.

Links: Die Schauspieler Erdoğan Atalay und Mark Keller in der Fernsehserie *Alarm für Cobra 11 – Die Autobahnpolizei.*

Der KdF-Wagen (der Vorläufer des Volkswagen Käfer) auf der Reichsautobahn im Jahr 1938. Das Autofahren war ein wichtiger Eckpfeiler der nationalsozialistischen Propaganda.

BMW M1

Der erste BMW mit dem M am Heck war ein großes deutsch-italienisches Experiment.

Fast wäre der M1 ein Rennwagen gewesen, den es nie gegeben hätte. In den 1970er Jahren wollte BMWs neu gegründete Motorsport-Abteilung an die Erfolge des 3.0 CSL „Batmobil" anknüpfen. Als Nachfolger war ein Mittelmotor-Sportwagen geplant, speziell für den Wettbewerb entwickelt, mit dem Ziel, Porsche den Herstellertitel wegzuschnappen.

Um die Homologationsregularien der FIA zu erfüllen, musste BMW zusätzlich zu den reinen Rennversionen 400 straßenzugelassene Fahrzeuge produzieren – und das unter Zeitdruck. Um dieses Kunststück zu vollbringen, wandte sich BMW an Lamborghini. Die Italiener sollten den M1 nicht nur entwerfen, sondern auch entwickeln. Der herausragende Ingenieur Giampaolo Dallara, den Ferruccio Lamborghini einst von Ferrari abgeworben hatte, entwickelte bereits den 350 GTV sowie den Miura und entwarf nun das exotische Gitterrohr-Chassis des M1. Giorgetto Giugiaro hatte das Zeitalter des „gefalteten Papiers" im Automobilbau eingeläutet. Seine charakteristischen scharfen Winkel und präzisen Proportionen sollte er erfolgreich auf den BMW übertragen.

Giugiaro ließ sich für den M1 vom BMW Turbo inspirieren – einer Mittelmotor-Studie des einflussreichen Designers Paul Bracq, der BMWs kantig-scharfes, dezent aggressives Design für die kommenden zwei Jahrzehnte prägte. Der auffällige Flügeltüren-Turbo wurde für die Olympischen Spiele 1972 in München als Hingucker konzipiert: Seine Glasfaser-Nasenpartie in leuchtendem Orange, das in ein tiefes Bordeauxrot überging, sollte die Hitze eines Raumfahrzeugs beim Wiedereintritt in die Erdatmosphäre symbolisieren.

Giugiaros M1 griff die Keilform des Turbo auf, mit einer niedrigen Frontpartie und einem scharf geschnittenen Heck, das den mittig verbauten Motor betonte. Die geraden Seitenflächen wurden von einer markanten Linie durchzogen, die sich über die Klappscheinwerfer hinaus fortsetzte. Wären Räder mit geraden Linien möglich gewesen, Giugiaro hätte sie gestaltet – stattdessen deutete er dies mit fünf Reihen dünner Schlitze in den minimalistischen Aluminiumfelgen an, die an Speichen erinnern sollten.

Lamborghini befand sich unterdessen kurz vor dem Bankrott, weshalb sich BMW im April 1978 gezwungen sah, die Pläne für den M1 zurückzufordern. Statt Lamborghini übernahmen drei verschiedene italienische Firmen die Produktion des Gitterrohrrahmens, der GFK-Karosserie und des minimalistischen Innenraums. Anschließend wurden die halb montierten Fahrzeuge nach Stuttgart transportiert, wo der langjährige BMW-Karosseriebauer Baur die BMW-Komponenten installierte. Erst danach vollendete BMW Motorsport das Fahrzeug. BMW startete sogar eine eigene Rennserie namens Procar, bei der Formel-1-Sieger gegen wohlhabende Privatfahrer antraten – alle im M1. Die ursprünglichen Pläne für den Motorsport erfüllten sich jedoch nicht. Der M1 erwies sich in der Gruppe 4 als relativ unzuverlässig, seine geplanten Turbo-Versionen wurden nie realisiert. Das ganze Projekt wirkte letztlich wie ein exzentrisches Experiment. Und doch war der M1 das erste Auto, das offiziell das berühmte dreifarbige M-Emblem trug. Ein gewagter wie faszinierender Schritt für die Ambitionen von BMW Motorsport.

Historic Cars

Das erste Serienauto mit dem M-Emblem hätte nicht auffälliger sein können. Nur 460 Exemplare wurden produziert, alle zu Homologationszwecken. Jedes war mit einer hochwertigen Innenausstattung und einem leistungsstarken Soundsystem ausgestattet, damit die Passagiere das rennsporterprobte Triebwerk direkt hinter ihren Schultern übertönen konnten.

BMW M1

Hersteller: BMW
Designer: Giorgetto Giugiaro für Italdesign
Produktionsjahre: 1978–1981
Motor: 3,453 cm^3 M88 DOHC-Reihen-6-Zylinder
Getriebe: 5-Gang-Schaltgetriebe
Maximale Leistung: 277 PS
Maximales Drehmoment: 330 Nm
Gewicht: 1300 kg
Leistung / Gewicht: 190,5 PS / t
0–100 km / h: 6,2 Sek.
Höchstgeschwindigkeit: 265 km / h
Neupreis: 100 000 DM

Nach der kurzen Produktionszeit des M1 baute BMW den 3,5-Liter-Reihensechszylinder in das Coupé E24 der 6er-Reihe ein. Das Ergebnis war der M635CSi: einer der elegantesten Grand Tourer seiner Zeit, der sich durch seine aggressive Haifischnase auszeichnete und gleichzeitig Viersitzerkomfort und reichlich Leistung bot.

„GIORGETTO GIUGIAROS M1 GRIFF DIE KEILFORM DES TURBO AUF, MIT EINER NIEDRIGEN FRONTPARTIE UND EINEM SCHARF GESCHNITTENEN HECK."

S-DX 6637

MERCEDES-BENZ G-KLASSE

Das G-Modell ist ein authentisches Militärfahrzeug, das entwickelt wurde, um allen Widrigkeiten zu trotzen – sogar dem Wandel des Geschmacks.

„Geländewagen" ist eine einfache, sachliche Bezeichnung, die das G-Modell treffend beschreibt. Das G-Modell war für Armeen auf der ganzen Welt gedacht und hat seinen Ursprung weit entfernt von Deutschland. Es war Mohammad Reza Pahlavi, der Schah von Persien, der Mercedes-Benz vorschlug, ein Militärfahrzeug zu entwickeln. Dies führte zu einer Zusammenarbeit zwischen Daimler-Benz und Steyr-Daimler-Puch in Österreich. Beide Unternehmen hatten reichlich Erfahrung mit der Herstellung robuster, leichter Fahrzeuge wie dem Haflinger und dem Pinzgauer, die Soldaten durch jedes Gelände transportieren konnten. Das neue Fahrzeug ähnelte jedoch mehr den Land-Rover-Modellen als diesen Personentransportern: klobiges Äußeres mit Rahmenkonstruktion, hohe, eckige Karosserie mit flachen Fenstern und einem flachen Kühlergrill und Scheinwerfern, die von zweckmäßigem schwarzen Kunststoff gerahmt wurden, mit dem dreizackigen Stern gut sichtbar in der Mitte.

Nach sechs Jahren Tests – von der Sahara bis zum Polarkreis, in Kohleminen und Steinbrüchen – debütierte die G-Klasse 1979 in einem brandneuen Werk in Graz, wo zwei- und viertürige Varianten und sogar ein Cabrio von Hand gebaut wurden. Der Schah, der in diesem Jahr durch die iranische Revolution gestürzt wurde, kam nie in den Genuss eines der 20 000 Exemplare, die er bestellt hatte. Aber auch ohne ihn wurde das G-Modell ein Jahr später berühmt, als Papst Johannes Paul II. auf seiner Weltreise in einer speziell angefertigten Version mit hohem Kunststoffdach, goldenen Rädern und sogar einem vergoldeten Emblem unterwegs war. Das „Papamobil" wurde zu einer Ikone der Popkultur und ein Aushängeschild von Mercedes-Benz.

In den folgenden 38 Jahren wurde die G-Klasse praktisch ohne Änderungen produziert. Dank ihrer austauschbaren Teile und einer nahezu endlosen Vielseitigkeit wurde sie in fast 50 Ländern militärisch genutzt, sogar in Nordkorea, wo G-Modelle den Leichenwagen von Kim Jong-il beim Staatsbegräbnis eskortierten. Ein G-Modell, in dem der Formel-1- und Langstrecken-Champion Jacky Ickx mitfuhr, gewann 1983 die anspruchsvolle Rallye Paris-Dakar, und das deutsche Ehepaar Gunther und Christine Holtorf begab sich in einem G-Modell auf eine Afrikareise, die 18 Monate dauern sollte. 215 Länder und 26 Jahre später spendeten sie ihren 300 GD mit dem Spitznamen „Otto" schließlich dem Mercedes-Benz-Museum. Er hatte 900 000 Kilometer auf dem Tacho.

Einer größeren Überarbeitung wurde die G-Klasse erst 2018 unterzogen – wobei es sich eher um eine sanfte Evolution als einen drastischen Designwechsel handelte. So viele originale Details wie möglich wurden beibehalten, wie die dicken, schwarzen Türleisten, die die flachen Seiten durchzogen (jetzt in die Karosserie integriert). AMG verpasste dem G 63 einen V8-Motor mit Doppelturbo, der stark genug war, um seine klotzige Aerodynamik auf die Straße zu bringen.

Bei seiner Vorstellung auf der Detroit Auto Show 2018 wurde der G 63 von einer beeindruckenden Skulptur eines G-Modells von 1979 begleitet, der in einem 44 Tonnen schweren Block aus bernsteinfarbenem Kunstharz eingeschlossen war – als wäre er dort seit Millionen von Jahren gefangen. Die Ausstellung symbolisierte, wie weit die neue Version gekommen war, ohne sich wesentlich zu verändern – weil es einfach nicht nötig war von dem Erfolgsrezept abzuweichen.

MERCEDES-BENZ
GELÄNDEWAGEN
S
DX 6637

Mercedes-Benz baute die G-Klasse in zahlreichen Varianten – vom langen Truppentransporter über Pick-up-Versionen bis hin zu einem Cabriolet.

„DANK IHRER AUSTAUSCHBAREN TEILE UND EINER NAHEZU ENDLOSEN VIELSEITIGKEIT WURDE DIE G-KLASSE IN FAST 50 LÄNDERN MILITÄRISCH GENUTZT.“

MERCEDES-BENZ G-KLASSE

Hersteller: Steyr-Daimler-Puch / Mercedes-Benz
Designer: Bruno Sacco
Produktionsjahre: 1979–1991
Motor: 2307 ccm M 115.973 SOHC-Reihen-4-Zylinder/ 2746 ccm M 110.994 DOHC-Reihen-6-Zylinder/ 2399 ccm OM 616 SOHC-Reihen-4-Zylinder Diesel/ 2998 ccm OM 617 SOHC-Reihen-5-Zylinder Diesel
Getriebe: 4-Gang-Schaltgetriebe/5-Gang-Schaltgetriebe/ 4-Gang-Automatikgetriebe
Maximale Leistung: 156 PS (280 GE mit M110 E 28)
Maximales Drehmoment: 226 Nm (280 GE mit M110 E 28)
Gewicht: 1945 kg (280 GE)
Leistung / Gewicht: 80 PS / t
0–100 km / h: 14 Sek.
Höchstgeschwindigkeit: 158 km / h (280 GE)
Neupreis: 26 650 DM

MERCEDES-BENZ

Die Erfinder des modernen Automobils wurden zum Inbegriff für ein Jahrhundert des technischen Fortschritts.

Carl Benz' Patent-Motorwagen Nummer 1 war ein spindeldürres, ungewöhnliches Gefährt. Es gleicht einer fragilen Kutsche auf drei Rädern. Das Vorderrad konnte über eine Lenkstange bewegt werden, die beiden Hinterräder wurden von einem selbst konstruierten Motor angetrieben, der sich durch ein liegendes Schwungrad auszeichnete. Das Fahrzeug war schwer zu steuern; bei einer öffentlichen Vorführung kollidierte Benz mit einer Mauer. Aber es war der Höhepunkt jahrelanger Tüftelei an Fahrrädern und Benzinmotoren.

Noch bedeutender war jedoch, dass es mit seinem Viertakt-Verbrennungsmotor und der elektrischen Zündung die Grundzüge des modernen Automobils enthielt. Es war eine Erfindung, die die Welt und unsere Fortbewegung für immer veränderte.

Bertha Benz, Carls Ehefrau, zeigte das wahre Potenzial des Fahrzeugs, indem sie die erste Fernfahrt der Welt unternahm. Am Morgen des 5. August 1888 machte sie sich mit ihren beiden jugendlichen Söhnen im Patent-Motorwagen auf den Weg von Mannheim nach Pforzheim – eine Strecke von 106 Kilometern. Offiziell wollte sie ihre Mutter besuchen, doch sie wusste, nachdem sie Carls Arbeit zwei Jahre lang beobachtet hatte, dass es nichts Besseres gab, um den Motorwagen bekannt zu machen, als ihn auf der Straße zu zeigen. Unterwegs reinigte sie verstopfte Benzinleitungen mit einer Hutnadel, isolierte Zündkabel mit Strumpfbändern, kaufte Treibstoff in Apotheken und bat einen Schuster, Bremsbacken aus Leder anzufertigen. Drei Tage später fuhren Bertha und ihre Söhne zurück nach Mannheim. Die Reise des Motorwagens erhielt die gewünschte Aufmerksamkeit. In einer Zeit ohne Tankstellen – und ohne jegliche Vorstellung von einem pferdelosen Gefährt – bewies die waghalsige Fahrt, dass das Automobil gekommen war, um zu bleiben.

Carl und Bertha Benz (rechts im Bild) in einem Benz-Viktoria (1893), Carls erstem Auto mit vier Rädern.

Es war unvermeidlich, dass Benz auch am ersten Autorennen teilnahm – einem 126-Kilometer-Rennen von Paris nach Rouen im Jahr 1894. Benz trat mit dem vierrädrigen Velocipede an, dem ersten Automobil, das in Serie gefertigt wurde – 64 Stück wurden gebaut. Der „Velo", wie er genannt wurde, war besonders in Frankreich beliebt. Nach fast zehn Stunden Fahrt mit einer Durchschnittsgeschwindigkeit von 12 km/h erreichte der Benz den 14. Platz. Aber sowohl das erst- wie auch das zweitplazierte Fahrzeug, ein Panhard & Levassor und ein Peugeot, waren mit Benz-Motoren ausgestattet. Es dauerte nicht lange, bis ein Benz seinen ersten Rekord aufstellte. Der Blitzen-Benz von 1909 war ein stromlinienförmiger Wagen, der mit dem einzigen Ziel entwickelt wurde, die 200-km/h-Marke zu erreichen. Dafür benötigte er einen gewaltigen 21,5-Liter-Motor mit 200 PS. In Daytona stellte er mit 228,1 km/h einen neuen Landgeschwindigkeitsrekord auf – ein Rekord, der fast ein Jahrzehnt Bestand hatte.

Unterdessen trat mit Gottlieb Daimler ein weiterer Automobilpionier auf den Plan Unabhängig von Benz hatte er im selben Jahr wie dieser sein erstes Auto gebaut. Seine Arbeit erregte die Aufmerksamkeit des österreichischen Geschäftsmanns Emil Jellinek, der ein Fahrzeug nach

Das gediegene Coupé der W111-Serie verkörperte die Philosophie, Autos zu bauen, die stilistisch und technisch über Generationen Bestand haben, in Reinform.

Nicht weniger glamourös als sein Roadster-Pendant, der 300 SL, war der 190 SL ein Liebling der Sonnenanbeter und Hollywood-Stars.

seinen exakten Vorgaben bestellte: „Ich will das Auto von übermorgen“, soll er Daimler gesagt haben. Das Ergebnis war tief gebaut und leistungsstark – das erste moderne Automobil, das nicht von einer Pferdekutsche abgeleitet wurde. Jellinek benannte es nach seiner zehnjährigen Tochter Mercédès. Die 35 PS waren so beeindruckend, dass Daimler fortan alle Fahrzeuge „Mercedes“ nannte, und Jellinek änderte seinen Namen in Jellinek-Mercedes. Ironischerweise hatte seine Tochter kein Interesse an Autos und besaß nie einen Mercedes.

1926 fusionierten Daimler und Benz zu Daimler-Benz. Der Motorsporterfolg begann nach dem Ersten Weltkrieg. In der zunehmend organisierten, lukrativen und nationalistisch gefärbten Grand-Prix-Szene war Mercedes-Benz ab 1934 tonangebend. Die nationalsozialistische Regierung beauftragte Mercedes-Benz (und den Rivalen Auto Union), die besten Rennwagen der Welt zu bauen. In den folgenden fünf Jahren dominierten die Silberpfeile die Szene, und im Wettstreit mit Auto Union lieferten sie sich ein Rennen um den Ruhm Deutschlands.

Diese Ingenieurskunst führte zu ungeahnten Leistungen. 1937, dem Jahr, in dem Mercedes-Benz mit Rudolf Caracciola die Europameisterschaft gewann, leistete der W125 mit seinem aufgeladenen Achtzylinder-Motor 646 PS. Diese Leistung sollte im Grand Prix jahrzehntelang unerreicht bleiben. Nur theoretische Rekordfahrzeuge wie der T 80 übertrafen dies. Der T 80, entworfen von Ferdinand Porsche, hatte sechs Räder, aerodynamische Seitenflügel und zwei Heckausleger. Sein V12-Motor mit Alkohol-Einspritzung aus dem Jagdflugzeug Messerschmitt Bf 109 leistete 3452 PS. Wäre der T80 zum Einsatz gekommen (was der Zweite Weltkrieg verhinderte), hätte er theoretisch 750 km/h erreichen können.

Links: Ein Arbeiter montiert im Mercedes-Werk einen Kühlergrill (1963). *Rechts:* Grand-Prix-Fahrer Hermann Lang poliert den Mercedes-Stern – ein Symbol, das zur selben Zeit entstand, als sich zwei der ältesten Automobilhersteller zusammenschlossen.

„MERCEDES-BENZ IST NACH WIE VOR EIN GARANT FÜR TECHNOLOGISCHE MEISTERLEISTUNGEN.“

Der sechstürige 600 Pullman war das Spitzenmodell von Mercedes-Benz und ausschließlich Staatsoberhäuptern vorbehalten.

1952 kehrte Mercedes-Benz in den Motorsport zurück. Der elegante und leichte 300 SL war auf dem Weg, der berühmteste Rennwagen der Neuzeit zu werden. Er gewann sofort die Carrera Panamericana und das 24-Stunden-Rennen auf dem Nürburgring. Stirling Moss fuhr ihn 1955 zum Sieg bei der Mille Miglia – mit über einer Stunde Vorsprung auf den Zweitplatzierten Juan Manuel Fangio, der während seiner kurzen Zeit bei Mercedes zwei Grands Prix in Folge gewann.

Mercedes-Benz übertrug die Erfahrungen aus dem Motorsport auf die Straße. Das erste und bis heute beeindruckendste Ergebnis: der 300 SL von 1955, bekannt als „Flügeltürer“. Er verband die Mille-Miglia-Renntechnik mit luxuriösen Elementen wie Chromdetails und maßgefertigtem Gepäck – auf einem leichten Rohrrahmen mit spektakulären Türen. Die Idee stammte von Max Hoffman, dem New Yorker Importeur, der den Sportwagenhunger der Amerikaner erkannte. Mit direktem Draht nach Deutschland versprach er, den riesigen US-Markt zu erschließen. Mit seinen Starfahrern und exzellenter Technik hätte Mercedes-Benz mit dem W96 wohl weiterhin dominiert. Doch das Rennen von Le Mans 1955 änderte alles. Vor tausenden Zuschauern prallte der 300 SLR von Pierre Levegh auf einen langsamen Austin-Healey, schleuderte mit über 200 km/h über einen Wall und explodierte mitten unter den Zuschauern – der schlimmste Unfall der Motorsportgeschichte. Mercedes-Benz zog sich daraufhin für fast vier Jahrzehnte aus dem Rennsport zurück.

Stattdessen konzentrierte man sich bei Mercedes-Benz nun voll auf das, was man schon immer angestrebt hatte: die besten Limousinen der Welt zu bauen. Das Flaggschiff, der Mercedes-Benz 600 von 1963, war das Nonplusultra unter den Luxusautos. Angetrieben von einem mächtigen 6,3-Liter-V8-Motor wurde er in der Pullman-Ausführung, die pneumatische Luftfederung und andere hydraulische Annehmlichkeiten bot, zur ersten Wahl für Staatsoberhäupter. Sein gewaltiger Motor inspirierte Mercedes, die Sportlimousine zu erfinden – indem man ihn in die kleinere 300 SEL-Karosserie einsetzte, getreu dem Sprichwort „Hubraum ist alles". Mit dem Konzept des „Overengineering", in dem Effizienz über den Kosten stand, wollte man sicherstellen, dass sich ein Mercedes auch nach Hunderttausenden von Kilometern noch so anfühlte, als hätte er eben erst die Fabrik verlassen. Modelle der 70er bis 90er Jahre fahren heute noch dank ihrer langlebigen Qualität als Taxis oder Familienerbstücke herum. Aus dem 300 SL entwickelte sich eine Linie sportlicher SL-Roadster, die in Sachen Stil neue Maßstäbe setzten. Heute zählen zur Mercedes-Benz-Palette auch leistungsstarke SUVs wie die G-Klasse, Limousinen und Coupés aller Größen sowie die superluxuriösen Maybach-Modelle.

1998 tat sich Mercedes-Benz mit Chrysler zusammen – die größte Unternehmensfusion der Geschichte. Es sollte eine „Fusion unter Gleichen" sein. Doch kulturelle Differenzen, unterschiedliche Marken- und Plattformstrategien sowie sinkende Marktanteile führten zum Bruch. 2007 wurde Chrysler für ein Fünftel seines Wertes verkauft und landete später bei Fiat, Peugeot und Citroën.

Deutlich erfolgreicher war AMG. Der Tuner war bekannt dafür, riesige Motoren in normalen Limousinen zu verbauen – mit irrer Beschleunigung und Understatement. 1999 wurde AMG Teil von Mercedes-Benz und ist seither die Performance-Marke für alles vom C-Klasse-Kompakten bis zum AMG G 63 mit Doppelturbo. Mit dem SLR McLaren (dem Sprössling einer kurzen Formel-1-Partnerschaft), dem SLS AMG mit Flügeltüren, dem AMG GT und dem Mercedes-AMG ONE von 2022, der mit seinen 1049 PS tatsächlich Formel-1-Dimensionen erreichte, reihte sich Mercedes-Benz in die Riege der Supersportwagen wie Ferrari, Lamborghini und Porsche ein.

Als Urvater des Automobils und dank der Strategie, sein Potenzial über Jahrzehnte auf die Straße und die Rennstrecke zu bringen, ist Mercedes-Benz nach wie vor ein Garant für technologische Meisterleistungen in stilvollen Hüllen.

„MERCEDES-BENZ ÜBERTRUG DIE ERFAHRUNGEN AUS DEM MOTORSPORT AUF DIE STRASSE, UM DIE BESTEN LIMOUSINEN DER WELT ZU BAUEN."

Links: Eine Mercedes-Benz-Werbung aus dem Jahr 1929. *Rechts:* Rocksänger Steven Tyler von Aerosmith faulenzt im roten Lederinterieur seines Mercedes-Benz 220S von 1956 (um 1975).

Der siebenfache Formel-1-Weltmeister Lewis Hamilton dreht in Abu Dhabi mit dem AMG Petronas Team W15Donuts, um sein letztes Rennen mit Mercedes im Jahr 2024 zu feiern.

PORSCHE 928

Der elegante, leistungsstarke und luxuriöse Grand Tourer bot einen Blick in die Zukunft von Porsche.

Mit seiner niedrigen, keilförmigen, in die Zukunft weisenden Nase war der 928 das erste wirklich revolutionäre Design von Porsche. Während der 911 mit seinen geschwungenen Linien und hohen Kotflügeln klassisch und elegant wirkte, dominierten beim 928 eher glatte Oberflächen. Zwar behielt er die für Porsche typischen runden Scheinwerfer, doch diese halbversenkten Leuchten klappten aus den flachen Kotflügeln in eigens geformten Gehäusen heraus – eine einzigartige Interpretation der klassischen Klappscheinwerfer. Dieser neueste und fortschrittlichste Porsche war nicht nur optisch ein krasser Gegensatz. Er sollte jahrzehntelange Traditionen auf den Kopf stellen.

1977 war der legendäre Porsche 911 bereits 14 Jahre alt. Es war daher nur logisch, dass Porsche über einen Nachfolger nachdachte. Immerhin hatte auch der 356, der Vorgänger des 911, eine ähnlich lange Laufzeit. Porsche hatte lange an einem Konzept festgehalten, das in der restlichen Autowelt längst als überholt galt: Der Heckmotor hatte einst für wirtschaftliche Autos wie den VW Käfer, auf dessen Technik übrigens die ersten Porsche-Modelle basierten, gut funktioniert. Doch selbst der Käfer war inzwischen vom modernen VW Golf mit wassergekühltem Frontmotor abgelöst worden. Diesem Bauprinzip gehörte eindeutig die Zukunft. Es war also keine Überraschung, dass auch Porsche über eine solche Umstellung nachdachte.

Der 928 brachte vieles mit, was für Fortschritt stand: Er war der erste Porsche mit einem V8-Motor, anderthalbmal größer als der luftgekühlte Sechszylinder-Boxermotor des 911, und vorne eingebaut. Das Getriebe saß zur besseren Gewichtsverteilung hinten in Transaxle-Bauweise. Die größere, eiförmige Kabine bot großzügigen Platz und bisher unerreichten Luxus für vier Personen auf langen Reisen. Dank seiner aerodynamischen Form kam er ohne den auffälligen „Walschwanz"-Spoiler des 911 Turbo aus: Nichts sollte die klaren Linien des Designs stören, die sich von der Stoßstange bis zum kunststoffverkleideten, in Wagenfarbe lackierten Heck erstreckten – eine Premiere für Porsche. Auf dem Genfer Autosalon 1977 wurde der 928 als bis heute einziger Sportwagen zum Auto des Jahres gekürt.

Porsche-Enthusiasten sind, mehr noch als andere Sportwagenfans, eine eingeschworene Gemeinschaft. Sie wissen genau, was den 911 so erfolgreich macht, und lieben dessen Eigenheiten. Und auch wenn das Konzept auf dem Papier längst veraltet schien, gewann der 911 weiterhin Rennen. Es war wohl kein Zufall, dass der 928 nie in einer offiziellen Rennversion an den Start ging.

Und es versteht sich von selbst, dass die Porsche-Fans, die es bis in die Führungsetage der Dr. Ing. h. c. F. Porsche AG in Weissach und Zuffenhausen geschafft hatten, derselben Meinung waren. Peter Schutz, damaliger Porsche-CEO, war überzeugt, dass der 911 trotz sinkender Verkaufszahlen und strengerer Abgasvorschriften überleben würde – was sich schließlich bewahrheitete.

In dieser Zeit arbeitete Anatole Lapine, der für das Design des 928 und dessen Facelift bis 1995 verantwortlich war, weiter an seiner modernen Interpretation der Porsche-Form. Zu seinen weiteren Entwürfen gehörten der 911 Turbo der Generation 964 und der Supersportwagen 959 – zwei bahnbrechende Fahrzeuge, die im Wesentlichen die ursprüngliche Porsche-Formel zum Erfolg führten.

F XP 928H

Der 928 war ein verlockender Vorgeschmack auf das, was dann doch nicht eintrat: auf einen Porsche, der modern genug war, um den in die Jahre gekommenen 911 zu ersetzen. Der geräumige Innenraum ließ keine Wünsche offen. Eine Besonderheit war die elektrische Höhen- und Tiefeneinstellung des Lenkrads, die dafür sorgte, dass die Instrumente gut ablesbar waren.

Runde Klappscheinwerfer in konischen Gehäusen waren innovative Varianten des Pop-up-Scheinwerferdesigns. Neue Kunststoffstoßfänger wurden entwickelt, um die Stahlaufprallträger zu verbergen, was den Luftwiderstand verringerte und zur eleganten Erscheinung des 928 beitrug.

„DIESER NEUESTE UND FORTSCHRITTLICHSTE PORSCHE WAR NICHT NUR OPTISCH EIN KRASSER GEGENSATZ. ER SOLLTE JAHRZEHNTELANGE TRADITIONEN AUF DEN KOPF STELLEN.“

PORSCHE 928

Hersteller: Porsche AG
Designer: Wolfgang Möbius / Anatole Lapine
Produktionsjahre: 1977–1995
Motor: 4474 cm³ SOHC V8
Getriebe: 5-Gang-Schaltgetriebe / 3-Gang-Automatik
Maximale Leistung: 240 PS
Maximales Drehmoment: 350 Nm
Gewicht: 1450 kg
Leistung / Gewicht: 166 PS / t
0–100 km / h: 7 Sek.
Höchstgeschwindigkeit: 230 km / h
Neupreis: 55 000 DM

BMW 2002TII GARMISCH

Der Garmisch verkörperte die Avantgarde von Bertones extremen Keilformen in dem nächsten großen BMW.

Wilhelm Hofmeister wurde 1955 zum ersten Designchef von BMW ernannt, und kein anderer Designer hatte einen größeren Einfluss auf die Marke. Von den barocken Luxuslimousinen der 1950er Jahre führte er das Unternehmen mit der Neuen Klasse in die Moderne. Eine komplette Modellreihe aus Gran-Turismo-Coupés, kompakten Limousinen und gehobenen Dienstwagen definierte den zeitgenössischen BMW-Stil und kulminierte im 2002 – dem Urvater der Sportlimousine.

Als es Zeit wurde, über die Neue Klasse hinauszudenken, holte Hofmeister Ideen von Freunden ein – darunter Nuccio Bertone, dessen berühmte Karosserieschmiede von Stardesigner Marcello Gandini geleitet wurde. Ende der 1960er Jahre war Gandini auf dem Höhepunkt seiner Schaffenskraft. 1967 entwarf er die fließenden Linien des Lamborghini Miura, des ersten Supersportwagens der Welt. Im selben Jahr schlug er einen neuen Weg ein und entwarf den Marzal mit scharfen Kanten und abgehackten Front- und Heckpartien. Eine tief liegende Haube verdeckte die strengen Scheinwerfer und verlieh der Form einen klaren, aber subtil aggressiven Look. Hofmeister war beeindruckt und bat Bertone, einen Entwurf für den E12 vorzulegen, eine größere Limousine, aus der schließlich die erste 5er-Reihe hervorgehen sollte. Nuccio Bertone betrachtete Hofmeisters Vorschlag und fragte sich, wie lange ein so konservatives Design wohl noch Bestand haben würde.

Bertone hatte eine bessere Idee. Er hatte nicht nur den Alfa Romeo Carabo und den Lancia Stratos Zero geschaffen – zwei schillernde Meisterwerke der extremen Keilform –, sondern forderte Gandini auf, diese messerscharfe Ästhetik auf eine eher biedere Limousine zu übertragen. Wie schon beim Marzal verwendete Gandini das Sechseck als zentrales Gestaltungsmotiv. Die BMW-Niere hatte nun sechs Kanten, und das Heckfenster war mit breiten, sechseckigen Lamellen versehen. Verglaste Scheinwerfer dominierten die Front, während die Seitenlinie einen aufsteigenden Knick am Ende aufwies, um zum abfallenden Heckdeckel zu passen – ein Mittel, um die ansonsten flachen Flächen aufzulockern. Und natürlich durfte ein zentrales Stilmerkmal nicht fehlen: der Hofmeister-Knick am unteren Ende der C-Säule, der die Sicht verbessert und dem Seitenprofil einen Hauch von Sportlichkeit verleiht.

Als Bertone schließlich den Garmisch präsentierte, war Wilhelm Hofmeister bereits im Ruhestand. Sein Nachfolger Paul Bracq übernahm die wichtigsten Elemente in den neuen 5er und den ersten 3er – beide konventioneller, aber mit klaren Anleihen bei Gandinis Vision. Nach seinem Debüt auf internationalen Automobilausstellungen 1970 verschwand der Garmisch – zurück blieb nur eine Handvoll Fotos als Zeugnis der deutsch-italienischen Zusammenarbeit.

Fast 50 Jahre später wollte BMW-Chefdesigner Adrian van Hooydonk das, was hätte sein können, wieder zum Leben erwecken. Wie das Original sollte der neue Garmisch auf einem BMW 2002 basieren und in traditioneller Handarbeit entstehen. Gandini, inzwischen 80 Jahre alt, arbeitete freudig mit. Er lieferte Details des Originals, wählte Materialien für das senkrecht strukturierte Interieur aus und erinnerte sich sogar an den exakten Außenfarbton – ein helles Champagner-Metallic, das die klare Form durch exzentrische Details akzentuierte. Beim Concorso d'Eleganza 2019 am Comer See stand der neu erbaute Garmisch neben den futuristischen Autos seiner Zeit – darunter auch der Marzal, der andere geniale Entwurf Gandinis.

Der Garmisch war Marcello Gandinis Interpretation einer neuen 5er-Limousine – mit schönen Details und jener gestalterischen Raffinesse, die diesen legendären Designer auszeichneten. Der Innenraum verband kunstvoll zweifarbiges Leder und Holz, wobei das ungewöhnliche vertikale Armaturenbrett besonders hervorstich.

„PAUL BRACQ ÜBERNAHM DIE WICHTIGSTEN ELEMENTE IN DEN NEUEN 5ER UND DEN ERSTEN 3ER – BEIDE KONVENTIONELLER, ABER MIT KLAREN ANLEIHEN BEI GANDINIS VISION."

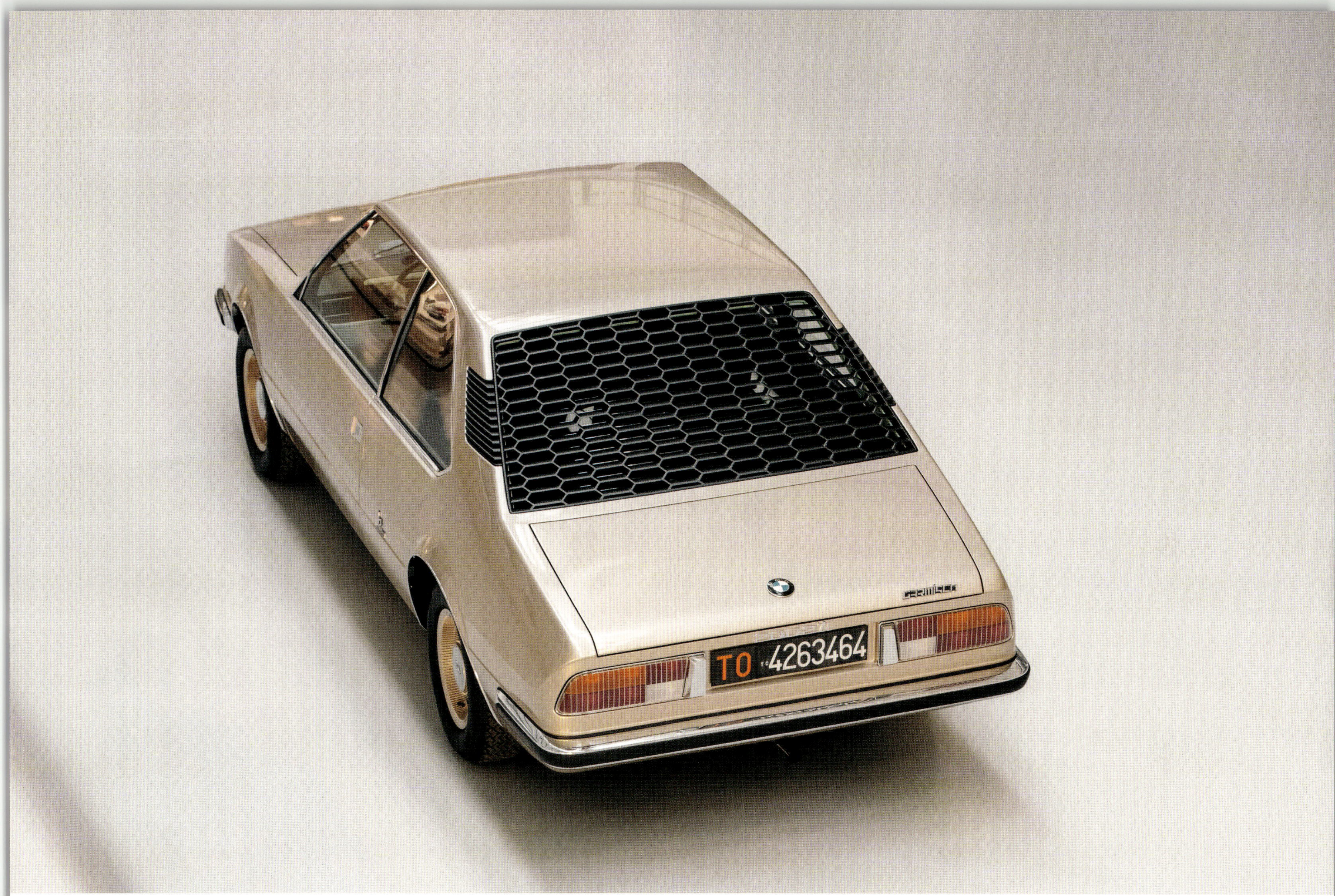

BMW 2002TII GARMISCH

Hersteller: BMW
Designer: Marcello Gandini für Bertone
Produktionsjahr: 1970
Motor: 1990 cm³ SOHC-4-Zylinder-Reihenmotor
Getriebe: 4-Gang-Schaltgetriebe
Maximale Leistung: 120 PS
Maximales Drehmoment: 167 Nm
Gewicht: 1040 kg
Leistung / Gewicht: 115 PS / t
0–100 km / h: unbekannt
Höchstgeschwindigkeit: unbekannt
Neupreis: unbekannt

S-EL 4907

MERCEDES-BENZ 450 SEL 6.9

Die schnellste Limousine ihrer Zeit konnte es in puncto Fahrdynamik mit echten Supersportwagen aufnehmen.

Die S-Klasse der Baureihe W116 debütierte 1972 mit dem klaren Ziel, das luxuriöseste und modernste Automobil der Welt zu sein. Bekannt als „Sonderklasse" war sie die erste Mercedes-Modellreihe, die offiziell diese Bezeichnung trug – ein deutliches Statement ihres Anspruchs. Ihr imposantes Erscheinungsbild leitete eine neue Designära bei Mercedes-Benz ein, die in ihren Grundzügen fast zwei Jahrzehnte lang Bestand haben sollte. Die übereinander angeordneten Doppelscheinwerfer wichen nun waagerecht ausgerichteten Einheiten in einer durchgehenden Fassung, flankiert von einem breiten, unverkennbaren Chromgrill. Eine breite Motorenpalette, darunter der weltweit erste Turbodiesel in einem Serienauto, half dem großen Benz, die Ölkrisen der 1970er zu überstehen.

Doch selbst die traditionsbewusste Marke Mercedes-Benz war nicht immun gegen die Faszination der Leistungssteigerung – ganz nach der Devise: „Hubraum ist durch nichts zu ersetzen." An der Spitze der Modellpalette stand der mächtige Mercedes 600, eine Limousine, so luxuriös und repräsentativ, dass ihre Pullman- und Landaulet-Versionen zu offiziellen Staatskarossen wurden. Der 600 kombinierte die schwere Stahlkonstruktion und die luxuriöse Ausstattung von Mercedes-Benz mit einem umfassenden Hydrauliksystem, das alle Funktionen im Innenraum steuerte: von den Fenstern und dem Schiebedach bis zur Klimaanlage. Das Ganze brachte stolze drei Tonnen Leergewicht auf die Waage. Um diese Masse souverän zu bewegen, kam ein exklusiver V8-Motor mit 6,3 Litern Hubraum zum Einsatz, den größten Motor, den Mercedes-Benz nach dem zweiten Weltkrieg entwickelte.

1968 hatte Ingenieur Erich Waxenberger eine geniale Idee: Man nehme den größten Motor und baue ihn in die nächstkleinere Limousine ein – den 300 SEL, der nur halb so viel wog. Das Resultat war ein Hot-Rod-Benz, der in Sachen Leistung selbst amerikanischen Muscle Cars die Schau stahl und ganz nebenbei das sportliche Image der Marke wiederbelebte. Sein Nachfolger sollte diesen Erfolg noch übertreffen: Der 6,3-Liter-V8 wurde auf 6,8 Liter aufgebohrt und auf Trockensumpfschmierung umgestellt, denn der riesige Motor passte nur ohne Ölwanne unter die flache Motorhaube. Die selbstnivellierende hydropneumatische Federung stammte von Citroën, das ABS, das weltweit erste, wurde von Bosch geliefert.

Das Ergebnis war bahnbrechend. Mit einer Höchstgeschwindigkeit von 237 km/h war der 6.9 die schnellste Serienlimousine der Welt. Der Sprint von 0 auf 100 km/h gelang in 7,4 Sekunden – nur einen Wimpernschlag langsamer als in einem Ferrari 308 GTB. Formel-1-Piloten, Prominente und Vielfahrer schätzten die Kombination aus Geschwindigkeit und Langstreckentauglichkeit. Auch der hohe Spritverbrauch konnte ihrer Begeisterung keinen Abbruch tun.

Der 6.9 fand auch Eingang in die Popkultur: Im Acht-Minuten-Kurzfilm *C'était un rendez-vous* (1976) des französischen Regisseurs Claude Lelouch raste die Kamera in einem irrsinnigen Tempo durch das morgendliche Paris. Lelouch gab schließlich zu, dass er die Szene von der vorderen Stoßstange eines 6.9 aus gefilmt und mit dem Sound eines Ferrari 275 GTB nachvertont hatte. Zwei Jahrzehnte später kehrte die Limousine auf die Kinoleinwand zurück: Im Actionthriller *Ronin* lieferte sich der 6.9 erbitterte Verfolgungsjagden durch Paris. Seite an Seite mit den neuesten Sportlimousinen von Peugeot, Audi und BMW. Der betagte Mercedes? Hielt mehr als nur mit.

BECKER MEXICO
CASSETTE

S-EL 4907

Mit seinem beeindruckenden Drehmoment von 550 Nm stand der 6.9 in Sachen Reifenabnutzung unter den Viertürern an vorderster Front. Er gehörte zur W116-Serie, Friedrich Geigers letztem Designprojekt für Mercedes-Benz, das eine glanzvolle Karriere krönte, die in den 1930er Jahren mit dem Mercedes-Benz 500K begonnen hatte.

„MAN NEHME DEN GRÖSSTEN MOTOR UND BAUE IHN IN DIE NÄCHSTKLEINERE LIMOUSINE EIN. DAS RESULTAT WAR EIN HOT-ROD-BENZ, DER IN SACHEN LEISTUNG SELBST AMERIKANISCHEN MUSCLE CARS DIE SCHAU STAHL.“

MERCEDES-BENZ 450 SEL 6.9

Hersteller: Mercedes-Benz
Designer: Friedrich Geiger
Produktionsjahre: 1975–1980
Motor: 6834 cm^3 SOHC-V8
Getriebe: 3-Gang-Automatik
Maximale Leistung: 286 PS
Maximales Drehmoment: 550 Nm
Gewicht: 1935 kg
Leistung / Gewicht: 148 PS / t
0–100 km / h: 7,4 Sek.
Höchstgeschwindigkeit: 237 km / h
Neupreis: 70 000 DM

1980er

KANN EIN LIED DAS SCHICKSAL EINES LANDES VERÄNDERN?

In einem von Popkultur und Zukunftsangst geprägten Jahrzehnt veränderte sich Deutschland für immer.

David Hasselhoff ist im amerikanischen Baltimore geboren und aufgewachsen, aber seine Wurzeln liegen im niedersächsischen Völkersen. Diese Verbindung könnte seine anhaltende Popularität auf zwei Kontinenten erklären. Sein Ruhm begann mit der Bikini-Serie *Baywatch* und seiner Rolle in *Knight Rider,* wo er an der Seite einer weiteren Popkultur-Ikone spielte: einem sprechenden Pontiac Trans Am – genau der Typ Muscle-Car, den deutsche Autohersteller damals zu kopieren begannen. Diese beiden Serien erfreuten sich auf beiden Seiten der Berliner Mauer überraschender Beliebtheit – so sehr, dass sie vielleicht zu ihrem Fall beitrugen.

In den promigetriebenen 1980er Jahren hatte die Popkultur derart großen Einfluss, dass die Vorstellung, ein Schauspieler könne die Welt vereinen, nicht völlig abwegig erschien. Schließlich war auch der in Österreich geborene Arnold Schwarzenegger zum Hollywoodstar geworden. Seine Actionfilme, die von seinen Muskeln und seinem unverkennbar starken Akzent lebten, waren auf der ganzen Welt zu sehen. Seine Rolle als Cyborg-Killer in *Terminator* führte zu einer ganzen Reihe von Science-Fiction-Filmen wie *Blade Runner, Aliens, Tron* oder *Sie leben*, die alle den Kapitalismus und eine entfesselte Technologie kritisch beleuchteten. Diese Kritik spiegelte das politische Klima der Zeit wider. In den zehn Jahren der Reaganomics und des Thatcherismus florierte der Kapitalismus, während Technologie unkontrollierbar erschien, was durch Reagans „Star Wars"-Initiative von 1983, einen sowjetischen Fehlalarm in der Nuklearüberwachung im selben Jahr und schließlich die Katastrophe von Tschernobyl drei Jahre später deutlich wurde.

Zeitgleich verzeichneten Westeuropa und Nordamerika ein ungebrochenes Wirtschaftswachstum. Mit dem wachsenden Wohlstand begann ein Boom der Luxusgüter. Nicht nur die Fahrzeuge von Mercedes-Benz, BMW und Audi waren begehrt, sondern auch deren fortschrittliche Technologien: Turbolader, Benzineinspritzung, ABS und aerodynamisch optimierte Karosserien. Alles Innovationen, die heute selbstverständlich wirken, vor vier Jahrzehnten aber den neuesten Stand der Technik darstellten.

Unterdessen schockierte Audi die Rallye-Welt mit dem Quattro und dessen Allradantrieb, der zunächst die Rallye-Weltmeisterschaft dominierte, bevor er zu einem turbogeladenen Grand Tourer weiterentwickelt wurde. BMW nutzte seine Motorsportabteilung, um den ersten M3 zu bauen, der elf Meisterschaften im Tourenwagenrennsport gewann und dessen homologierte Version legendär wurde. Mercedes-Benz festigte derweil seinen Ruf als Premiummarke, die von edlen S-Klasse-Limousinen (W126) bis zum pfiffigen SL-Roadster (R127) eine Modellpalette umfasste, die raffiniert, elegant und auf Langlebigkeit ausgelegt war (was sich am besten an Kilometerständen von mehreren hunderttausend ablesen ließ).

Porsche, 1987 immer noch der weltweit führende Sportwagenhersteller, versetzte mit dem 959 die Welt der Supercars in Aufruhr. Er war die Essenz all dessen, was Porsche

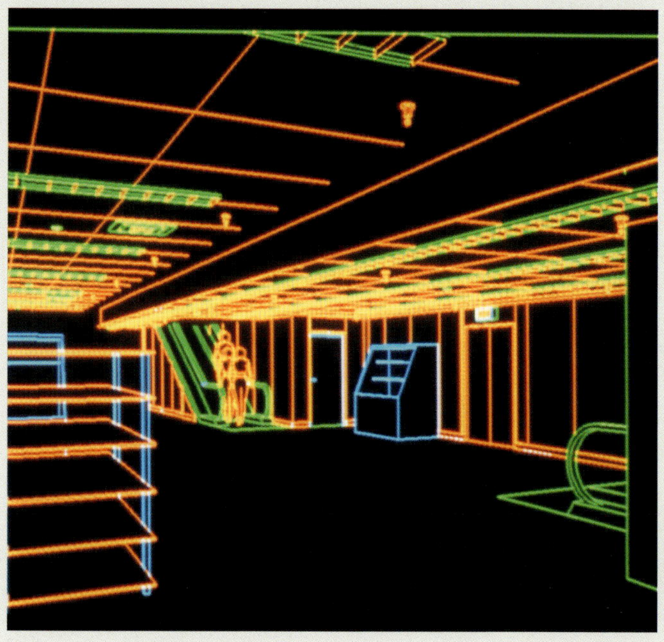

Links: Mit dem Friedenslied „99 Luftballons" gelang Sängerin Nena ein internationaler Hit, der selbst in den USA auf Platz 2 der Billboard Charts landete. *Gegenüber:* Die deutsch-britische Sängerin Ireen Sheer posiert auf der Mercedes-Benz S-Klasse. Die von Chefdesigner Bruno Sacco entworfene Modellreihe W126 wurde 12 Jahre lang produziert.

UN-AT 333

Der Audi quattro A1, von dem 11 Exemplare gebaut wurden, startete 1983 in der Rallye-Weltmeisterschaft Gruppe B.

„DEUTSCHE AUTOS WURDEN ZU MODISCHEN BESTANDTEILEN DER YUPPIE-KULTUR DER 1980ER."

Links: Die Tennisstars Steffi Graf und Boris Becker präsentieren 1989 ihre Wimbledon-Pokale *(oben)*. Der Commodore CBM 8032-SK kam 1982 auf den Markt *(unten)*. *Rechts:* Einen Tag vor dem Fall der Berliner Mauer stauen sich Autos aus der DDR vor dem Grenzübergang zwischen der Tschechoslowakei und der BRD.

über Aerodynamik, Leichtbau, Turboaufladung und Allradantrieb wusste, hinzu kam die Erfahrung aus sieben Le-Mans-Siegen in Folge in den 1980er Jahren. „Der Porsche 959 kann fast jede automobile Aufgabe so gut erfüllen", schrieb das US-Magazin *Car and Driver,* „dass es eine milde Untertreibung wäre, ihn als perfekt zu bezeichnen." Er war nicht nur das schnellste Serienfahrzeug der Welt, sondern bewährte sich auch bei der gnadenlosen Rallye Paris-Dakar, die er 1986 gewann.

Deutsche Autos wurden zu modischen Bestandteilen der Yuppie-Kultur der 1980er. Was der VW Bulli zwei Jahrzehnte zuvor für die Hippies gewesen war, wurde für diese aufstrebende Klasse (von der einige selbst aus der Hippie-Bewegung hervorgegangen waren) der BMW 3er. Sie waren jung, reich, stilbewusst und fast überall anzutreffen. Durch ihren Lieblingssport Tennis wurde Deutschland mit zwei Superstars, Boris Becker und Steffi Graf, zu einer kulturellen Großmacht. Dazu passte ein gutsitzender Anzug von Hugo Boss ebenso wie knallbunte Neon-Sportbekleidung, mit der man direkt von der Piste in die Après-Ski-Bar schwingen konnte.

Sogar der Opel Manta, Deutschlands eigene Version eines Muscle Cars, war so populär, dass sich eine ganze Stereotypenkultur darum entwickelte. Der „Manta-Witz" beschrieb einen prolligen, aggressiven Kerl, besessen von seinem Auto (und seiner Friseurin-Freundin). Die Figur war so etabliert, dass daraus zwei Kultfilme entstanden: *Manta – Der Film* und *Manta, Manta.* Letzterer machte Til Schweiger bekannt. Im Oktober 1989 fanden auf dem Alexanderplatz in Ost-Berlin die größten politischen Demonstrationen in der 40-jährigen Geschichte der DDR statt. Über 70 000 Demonstranten versammelten sich für Pressefreiheit, das Recht auf Freizügigkeit und die Öffnung weiterer Grenzen (nachdem die zwischen Ungarn und Österreich bereits offen war). Ursprünglich forderten die Demonstrierenden nicht den Abriss der Berliner Mauer oder die Wiedervereinigung Deutschlands, doch im Dezember 1989 war das Brandenburger Tor offen.

Vielleicht wäre es übertrieben zu behaupten, David Hasselhoff habe den Ostblock zu Fall gebracht. Aber am Silvesterabend 1989 coverte Hasselhoff den Jack-White-Song „Looking for Freedom" vor einer jubelnden Menge am Brandenburger Tor, nur wenige Wochen nachdem die Mauer buchstäblich und im übertragenen Sinne Risse bekommen hatte.

BMW M3

Der erfolgreichste Tourenwagen aller Zeiten legte den Grundstein für den straßentauglichen BMW M.

Das Klischee des „Rennwagens für die Straße" ist ebenso beliebt wie abgedroschen, aber Serienfahrzeuge können selten die raue Wirklichkeit des Motorsports einfangen. Als BMW 1986 den M3 vorstellte, war er dem erfolgreichsten Rennwagen der Deutschen Tourenwagen Meisterschaft (DTM) wirklich sehr ähnlich. In einer legendären Ära des Tourenwagensports, in der sich seriennahe Fahrzeuge einen unerbittlichen Kampf lieferten, fuhr der M3 von Sieg zu Sieg.

BMW hatte das Konzept der Sportlimousine bereits 1968 mit dem 2002 definiert, der eine seltene Kombination aus herausragender Fahrdynamik, unauffälligem Design und Alltagstauglichkeit bot. Dieselbe Mischung war über ein Jahrzehnt später Vorbild für die elegante E30-Generation der 3er-Reihe, die zum bevorzugten Fahrzeug einer neuen Klasse von Aufsteigern wurde, die als „Yuppies" bekannt wurden und die Kultur der 80er Jahre ebenso prägten wie David Hasselhoff. Doch hinter dieser kulturellen Fassade verbarg sich ein fein ausbalanciertes, kompaktes Auto mit sportlichen Komponenten wie einem Sperrdifferenzial und mehreren leichten, kraftstoffsparenden Einspritzmotoren.

Für die BMW Motorsport GmbH war dies ein idealer Ansatz. Die 1972 gegründete Rennsportabteilung von BMW war noch relativ jung, hatte aber mit dem 3.0 CSL „Batmobil" europaweit auf sich aufmerksam gemacht und mit dem M1 für Furore gesorgt. Als 1984 die DTM ins Leben gerufen wurde, machte sich die Motorsportabteilung an die Arbeit. Vom 3er blieben nur die Türen und das Dach erhalten. Alles andere wurde von BMW Motorsport überarbeitet: Die eckigen Radläufe waren dezent, aber nicht zu übersehen – insbesondere in Kombination mit dem minimalistischen Design des E30. Sie bogen sich sanft nach innen, um an die serienmäßigen Türrahmen anzuschließen. Der neu gestaltete Kofferraumdeckel bestand aus Fiberglas und war mit einem integrierten Heckflügel versehen, während der markante Frontsplitter die Rennsport-DNA des M3 unterstrich. Sogar die Dichtungen der Seitenfenster wurden entfernt, um die Aerodynamik weiter zu verbessern.

BMW Motorsport verbaute ausschließlich erstklassige, vom Rennsport inspirierte Komponenten, darunter ein eng abgestuftes manuelles Getriebe sowie ABS-Bremsen mit innenbelüfteten Scheiben. Der hochdrehende S14-Motor stammte aus dem M1, allerdings mit zwei Zylindern weniger. Mit seinen 2,3 Litern Hubraum leistete er 195 PS bei einem Leergewicht von gerade mal 1200 Kilogramm. Diese Kombination ermöglichte es dem frühen M3, genau das zu tun, was er am besten konnte: größere, leistungsstärkere Gegner gekonnt auszuschalten.

Sowohl die DTM- als auch die FIA-Gruppe-5-Regeln verlangten eine Homologationsserie von 5000 Fahrzeugen für den Straßenverkehr. BMW plante zunächst, genauso viele Einheiten zu produzieren – doch aufgrund der enormen Nachfrage in den USA und Europa vervierfachte sich die Produktion auf rund 20 000 Exemplare.

Und das aus gutem Grund. Zählt man die Erfolge in der Britischen Tourenwagen-Meisterschaft (BTCC), der Tourenwagen-Weltmeisterschaft (WTCC) und in der DTM zusammen, kommt der M3 auf über 1500 Rennsiege und elf Meistertitel. Ohne den Erfolg des E30 M3 wäre BMW M heute wohl nicht das, was es ist. Inzwischen ist aus BMW M eine eigene Marke geworden, und der M3 hat sich mit mehr Leistung, auffälligerem Design sowie zahlreichen weiteren Rennsiegen bis ins 21. Jahrhundert weiterentwickelt.

M ST 6505 H

Der erste M3 war eine kompakte Sportlimousine, die den legendären Status der BMW-Motorsportabteilung begründete. Das zum Fahrer geneigte Armaturenbrett war jahrzehntelang ein Schlüsselelement der gesamten BMW-Modellpalette. Das gestreifte M-Logo war noch auf ein Minimum reduziert.

Die BBS-Kreuzspeichenräder des M3 wirken bis heute zeitlos. BMW-Chefdesigner Claus Luthe, Nachfolger von Paul Bracq, brachte den kantigen Stil der Marke in die aerodynamischeren 1990er Jahre – wobei die breitere M3-Karosserie die klaren Linien des E30 noch unterstrich.

„OHNE DEN ERFOLG DES E30 M3 WÄRE BMW M HEUTE WOHL NICHT DAS, WAS ES IST. INZWISCHEN IST BMW M ZU EINER EIGENEN MARKE GEWORDEN."

BMW M3

Hersteller: BMW
Designer: Claus Luthe
Produktionsjahre: 1986–1991
Motor: 2302 cm³ S14 DOHC-Reihen-4-Zylinder
Getriebe: 5-Gang-Schaltgetriebe
Maximale Leistung: 195 PS
Maximales Drehmoment: 222 Nm
Gewicht: 1200 kg
Leistung / Gewicht: 162,5 PS / t
0–100 km / h: 6,9 Sek.
Höchstgeschwindigkeit: 230 km / h
Neupreis: 58 000 DM

BMW

Seit Jahrzehnten versprechen die Bayerischen Motorenwerke „Freude am Fahren“ in Weiß-Blau.

Die Olympischen Sommerspiele 1972 in München als epochales Ereignis für Deutschland zu bezeichnen, ist fast eine Untertreibung. Es war das erste Mal seit 1936, dass Deutschland die Spiele austrug – damals hatte das nationalsozialistische Berlin die Olympiade als Propagandabühne missbraucht. Doch nun wollte Deutschland sein neues, fortschrittliches Gesicht zeigen. Auch wenn das Olympia-Attentat später einen Schatten über die Spiele legte, begannen sie mit Optimismus. Die „Heiteren Spiele“ verwendeten ein wirbelndes, blau-weißes Rundel als Symbol, das an die bayerische Flagge erinnerte. Und ein bunter Dackel namens Waldi war das erste Maskottchen in der Geschichte der Olympischen Spiele. Stahl und Glas prägten die neuen Sportstätten des revolutionären deutschen Architekten Frei Otto im Olympiapark, der filigrane Gitterkonstruktionen und Plexiglas verwendete, um den Olympiabesuchern einen Blick in den bayerischen Himmel und die Sonne zu ermöglichen. Das ließ sich BMW nicht entgehen. Pünktlich zu den Spielen wurde ein atemberaubendes, modernistisches Hauptquartier eingeweiht: ein Wolkenkratzer aus vier zylindrischen Türmen gleich neben dem Olympiapark, auf dem an allen vier Seiten stolz das weiß-blaue BMW-Logo prangte.

Stirling Moss 1947 bei einem seiner ersten Rennen am Steuer eines Frazer Nash BMW.

Und es gab das extravagante Turbo-Konzeptfahrzeug, das wie eine Raumkapsel auf dem BMW-Gelände landete. Die feuerrote Kapsel leuchtete wie die Hitze beim Wiedereintritt in die Atmosphäre. Paul Bracqs ultramodernes Design war ein Versuchsträger für alles Mögliche – von Turboladung über radarunterstütztes Bremsen bis zu Stoßfängern mit Knautschzonen und Flügeltüren. Es war der Vorbote von BMWs einzigem echten Supersportwagen, dem M1, entwickelt von der inzwischen legendären Motorsportabteilung.

Die ersten BMW-Motoren waren für Flugzeuge bestimmt und bekannt für ihre Leistungsfähigkeit in großen Höhen. Der BMW Reihen-Sechszylinder-Motor IIIa stellte 1919 Flugrekorde auf. Nach dem Ersten Weltkrieg verlegte sich BMW auf Motorräder – das erste mit BMW-Logo war 1923 die R 32. Ihre laufruhigen, horizontal gegenüberliegenden Zylinder, gekoppelt mit einem integrierten Getriebe und Kardanantrieb legten den Grundstein für ein bis heute verwendetes Antriebskonzept.

Mit Autos tat sich BMW zunächst schwer. Die ersten BMW-Autos waren in Lizenz gebaute Austin Sevens aus Großbritannien – verkauft unter dem Namen BMW Dixi. Die Weltwirtschaftskrise erschwerte die Markteinführung. 1930 erschien mit dem 3/15 Wartburg der erste Sportwagen von BMW, aber es wurden nur wenige gebaut, bevor die Produktion bereits ein Jahr später endete. Doch der kleine Roadster lehrte BMW, wie man Sportwagen konstruiert und abstimmt. Die Limousine 303 war das erste komplett eigenständige Design von BMW und das erste Modell mit dem geteilten „Nierengrill“, der seitdem jeden BMW ziert. Der dazugehörige 315/1 Roadster war elegant, mit Zweifarblackierung und einem langen,

Das E9 Coupé war das glamouröseste Modell einer richtungsweisenden Baureihe, der sogenannten Neuen Klasse, die 1962 debütierte.

Der BMW 2002 wurde als „eines der besten Fortbewegungsmittel der modernen Zivilisation“ bezeichnet.

Das Design des eleganten BMW 328, der von 1936 bis 1940 gebaut wurde, wird Peter Szymanowski zugeschrieben, der nach dem Zweiten Weltkrieg zum Chefdesigner bei BMW aufstieg.

stromlinienförmigen Heck. Der Durchbruch kam schließlich mit dem 328 – einem kompromisslosen Rennwagen mit Aluminiumkarosserie über einem Rohrrahmen. Mit mehr als der doppelten Leistung seines Vorgängers besaß er im Vergleich zu seinen britischen und italienischen Konkurrenten eines der besten Leistungsgewichte. Der 328 gewann bereits bei seinem ersten Einsatz im Juni 1936 und entwickelte sich zu einem der erfolgreichsten Rennwagen des Jahrzehnts. Er siegte in Le Mans, bei der RAC Tourist Trophy und bei der Mille Miglia 1938. BMWs Stern am Rennsporthimmel war aufgegangen.

Im Zweiten Weltkrieg spielte BMW eine wichtige und unrühmliche Rolle als Rüstungsproduzent. Die luftgekühlten Flugzeug-Sternmotoren von BMW gehörten zu den meistgebauten weltweit. Das BMW-Turbojettriebwerk 003 wurde im ersten Düsenjäger der Welt eingesetzt – der Messerschmitt Me 262. Wie schon im Ersten Weltkrieg erschienen BMWs innovativste Triebwerke erst gegen Kriegsende. Die Me 262 und die Heinkel He 162 kamen erst kurz vor der Niederlage Deutschlands zum Einsatz.

Nach dem Krieg besetzten die Sowjets Ostdeutschland und damit auch einen Teil der BMW-Werke. Das Werk in Eisenach, in dem einst der Dixi produziert worden war, stellte weiterhin BMW-Fahrzeuge aus der Vorkriegszeit her. Um einem Urheberrechtsstreit mit West-BMW zu entgehen, änderte man dort Namen in EMW, für Eisenacher Motorenwerk. Beim Logo wurde das Blau einfach durch Rot ersetzt.

Die Produktion kehrte auf dramatische Weise nach München zurück: mit einer superluxuriösen Limousine, dem 501, dessen fließende Linien und stattliche Eleganz ihm den Spitznamen „Barockengel" einbrachten. Er war mit dem ersten V8-Motor von BMW ausgestattet, der in der Nachkriegszeit in Deutschland gebaut wurde.

BMW dachte auch über eine Zukunft in Amerika nach, und Importeur Max Hoffman schlug einen Roadster mit V8-Motor vor, der zwischen den Mercedes-Benz 300 SL und den Porsche 356 Speedster passen sollte. Mit seinen filigranen Linien und seinem geschmeidigen, fast italienisch anmutenden Aussehen wurde der daraus resultierende 507 zu einem unvergesslichen Teil der BMW-Geschichte. Jedoch blieben beide Modelle (503 und 507) wirtschaftlich erfolglos. Der 503 kostete fast viermal so viel wie das durchschnittliche Einkommen eines Deutschen, und BMW verlor mit jedem der 252 verkauften Exemplare des 507 Geld. Nur die fröhliche und günstige „Knutschkugel" Isetta – lizenziert vom italienischen Hersteller Iso – bewahrte BMW vor dem Bankrott und einer möglichen Übernahme durch Mercedes-Benz.

Die Neue Klasse der 1960er Jahre markierte die Wende. Hier verband sich solide Technik und ausgewogenes Fahrverhalten mit einer attraktiven Limousinen- und Coupé-Baureihe. 1968 baute BMW den größten Vierzylinder der Reihe mit 2,0 Litern Hubraum in das kleinste Modell ein – und erschuf so eine Ikone: den 2002. „Eines der besten Fortbewegungsmittel der modernen Zivilisation", schwärmte der berühmte Journalist David E. Davis. Der 2002 wurde zur Visitenkarte von BMW: klein und praktisch, aber mit der Präzision eines Sportwagens gebaut. Sein Nachfolger, die erste 3er-Reihe von 1975, begründete eine bis heute ununterbrochene Dynastie. Gleichzeitig feierte BMW Erfolge im Tourenwagensport.

Links: Peter Gregg und Brian Redman, Sieger beim 24-Stunden-Rennen von Daytona 1976 im BMW 3.5 CSL. *Rechts:* Die Isetta basierte auf dem ersten erfolgreichen Kleinstwagen aus Italien, gebaut vom Kühlschrankhersteller Iso.

Links: Der BMW 1800 wurde 1964 in der Augustausgabe der *Sports Car Graphic* als „ein Auto, das ausschließlich aus herausragenden Eigenschaften besteht“ gepriesen. *Rechts:* Pierce Brosnan als James Bond mit Izabella Scorupco im Film *GoldenEye* aus dem Jahr 1995, in dem der damals neue BMW Z3 zu sehen war.

„DIE NEUE KLASSE DER 1960ER JAHRE VERBAND SOLIDE TECHNIK UND AUSGEWOGENES FAHRVERHALTEN MIT EINER ATTRAKTIVEN LIMOUSINEN- UND COUPÉ-BAUREIHE.“

Die 1972 gegründete Motorsport-Abteilung dominierte mit dem 3.0 CSL die Europameisterschaft. Doch erst die zweite Generation der 3er-Reihe (E30) wurde zum Höhepunkt der M-Geschichte. Wie der 328 ein halbes Jahrhundert zuvor fuhr der M3 allen davon und errang schließlich 1500 Siege und elf Meistertitel. Die straßenzugelassene Version war kaum vom DTM-Rennwagen zu unterscheiden – ein Grund, warum der E30 M3 auch heute noch als echtes Kultauto gilt.

Jahrzehntelang folgte das BMW-Design einer stillen, stetigen Evolution. Der leicht nach vorne geneigte Haifischnasen-Look der 70er wich aufrechten, kantigen, aber logisch proportionierten Formen, die mit der Zeit größer und aerodynamischer wurden. Unter Chefdesigner Claus Luthe hatten alle BMWs vier runde Scheinwerfer, einen breiten schwarzen Grill und die berühmten Chromnieren – konstant in ihrer Form, auch wenn sie nie wirklich an Nieren erinnerten. In den 1990er Jahren waren BMWs verschieden große Variationen ein und desselben Grunddesigns – das in der 7er-Luxuslimousine als Meisterstück zurückhaltender Eleganz seinen Höhepunkt erreichte.

Doch ein einziger Mann brachte diese Designkontinuität ins Wanken – und er kam aus den USA. Designchef Chris Bangle prägte 2001 die neue 7er-Reihe mit starkem Kontrast: überladene Linien, zerschnittene Scheinwerfer, asymmetrische Flächen und ein hochgezogener Kofferraumdeckel, der schnell als „Bangle-Hintern“ verspottet wurde. Doch mit Rückendeckung des Vorstands blieb Bangle standhaft. Die BMWs der 2000er Jahre präsentierten sich mit geschwungenen Flanken, scharfen Kanten und „Flammschliff“-Oberflächen, die mit Licht und Farbe spielten – besonders sichtbar beim Z4. Was einst exzentrisch wirkte, fand sich bald bei Kia, Chevrolet und den neuesten BMWs – ein Beweis für Bangles Einfluss. Seit Marcello Gandini und Giorgetto Giugiaro in den 1970er Jahren den Faltpapier-Stil eingeführt hatten, hatte kein Designer die gesamte Autoindustrie so entscheidend geprägt. Auch wenn die BMW-Entwürfe heute kantiger, gewagter und manchmal überladener wirken, das Streben nach Modernität bleibt. Ganz wie beim wilden Turbo-Konzept, mit dem einst die Olympischen Spiele eröffnet wurden.

Der BMW 3.0 CSL „Batmobil“ fordert den 2002 Turbo heraus – der eine ein bahnbrechender Rennwagen, der andere Europas erstes Auto mit Turbolader.

AUDI QUATTRO

Ein technisches Meisterwerk revolutionierte den Rallyesport und gab dem Unternehmen Audi enormen Schub.

Vielleicht war es kein Zufall, dass ausgerechnet der Autohersteller mit den vier Ringen zum Spezialisten für den Vierradantrieb wurde. Mit Sicherheit kein Zufall war der Name „Quattro", der für sichere und durchdachte Ingenieurskunst stehen sollte. Als das Coupé gleichen Namens 1980 vorgestellt wurde, staunte die Fachwelt. Unter der kantigen Karosserie mit ausgestellten Radläufen verbarg sich ein Turbomotor. Es war zwar nicht das erste Serienfahrzeug mit permanentem Allradantrieb, aber eine luxuriöse und vom Rennsport abgeleitete Kombination, eine direkte Synthese des Quattro, der den Rallyesport revolutioniert hatte.

Vor dem Quattro war die Möglichkeit, die Kraft auf alle vier Räder zu übertragen, ausschließlich Offroad-Fahrzeugen wie Jeeps, Pick-ups und Arbeitsfahrzeugen vorbehalten. Volkswagen-Audi entwickelte gerade ein kompaktes Militärfahrzeug namens Iltis, als der Ingenieur Jörg Bensinger seinem Vorgesetzten Ferdinand Piëch, dem zukünftigen Auto-Manager des Jahrhunderts, seine Idee vorstellte. Wie wäre es, ein ziviles Fahrzeug für besseren Ganzjahres-Grip mit einem solchen System auszustatten? Der unerschütterliche Piëch gab grünes Licht und stellte sich der schwierigen Aufgabe, Front-, Mittel- und Hinterachsdifferential in das kompakte Chassis des von Giugiaro entworfenen Audi 80 zu integrieren.

Es dauerte drei Jahre, bis ein erfolgreicher Prototyp entwickelt war. Als er 1980 in Produktion ging, war das Ergebnis ein typischer Wolf im Schafspelz. Das Mitteldifferenzial des Quattro konnte über einen Drehknopf in der Konsole gesperrt werden, wodurch die Kraftverteilung auf die Vorder- und Hinterachse angepasst wurde. Dies wurde zur Benchmark für alle folgenden Allrad-Sportwagen wie den Subaru Impreza WRX und den Mitsubishi Lancer Evolution. Der turbogeladene Audi war bereits eine leistungsstarke Maschine, aber nun konnte er seine gesteigerte Kraft auf jedem Untergrund entfalten. Auch wenn Pressevertreter (und Ingenieure, darunter Piëch selbst) das Quattro-System als gewöhnungsbedürftig bemängelten, erkannten sie das Potenzial: die Balance und das Vertrauen, die ein Allradantrieb in einem hochentwickelten Sportwagen vermittelt.

Audi legte den Grundstein für die Quattro-Legende in der Rallye-Weltmeisterschaft, insbesondere in der berüchtigten Gruppe B. Diese Klasse erlaubte nahezu unreglementierte Fahrzeugkonzepte, was zu den leistungsstärksten und innovativsten Rennwagen führte, die je über Schotter, Schnee oder Asphalt fuhren. Als erstes Fahrzeug mit Allradantrieb in der Serie betrat Audi absolutes Neuland. Die Konkurrenten erklärten das System für zu schwer, zu kompliziert und daher nicht wettbewerbsfähig.

Doch der Quattro erwies sich von Anfang an als überlegen. Nur zehn Tage nach seiner offiziellen Homologation im Jahr 1981 holte er seinen ersten Sieg. Im folgenden Jahr gewann Audi mit dem Quattro acht von zwölf Rennen und sicherte sich damit den Herstellertitel. Für Aufmerksamkeit sorgte auch die talentierte Fahrerin Michèle Mouton, die Audi für das Rallyeteam verpflichtete. Hannu Mikkola, ihr Co-Pilot, beschrieb die Leistung des Quattro so: „Der plötzliche Kraftschub ist so brutal, man denkt, man würde von einem Fünf-Tonnen-Lkw von hinten gerammt."

V3 85 URQ

AUDI QUATTRO

Hersteller: Audi AG
Designer: Jörg Bensinger / Ferdinand Piëch / Walter Treser / Martin Smith
Produktionsjahre: 1980–1991
Motor: 2144 cm^3 SOHC-Reihen-5-Zylinder-Turbomotor
Getriebe: 5-Gang-Schaltgetriebe
Maximale Leistung: 200 PS
Maximales Drehmoment: 285 Nm
Gewicht: 1290 kg
Leistung / Gewicht: 155 PS / t
0–100 km / h: 7,1 Sek.
Höchstgeschwindigkeit: 222 km / h
Neupreis: 49 900 DM

Mit Turbomotor, permanentem Allradantrieb, Scheibenbremsen und Einzelradaufhängung war der Quattro ein technisches Wunderwerk. Er unterschied sich so sehr von allen anderen Sportwagen, dass Chefingenieur Ferdinand Piëch davon ausging, dass ein Fahrer etwa sechs Monate brauchen würde, um ihn vollständig zu verstehen und optimal zu nutzen.

„DER TURBOGELADENE AUDI WAR BEREITS EINE LEISTUNGSSTARKE MASCHINE, ABER NUN KONNTE ER SEINE GESTEIGERTE KRAFT AUF JEDEM UNTERGRUND ENTFALTEN."

VOLKSWAGEN GOLF GTI 2

Als raffinierte Fortsetzung des Fließheck-Urgesteins führte der Golf II das bahnbrechende Format in die Moderne.

Nach zehn Jahren Produktion war es an der Zeit, den ersten Golf, der Volkswagen zu neuen Höhenflügen verholfen hatte, zu ersetzen. Und wie so oft war sein Nachfolger in jeder Hinsicht größer, schwerer und leistungsstärker. Diese Änderungen entsprachen den modernen Standards für Innenraum und Sicherheit, doch Fans des Golf I waren besorgt, ob der Nachfolger ebenso spritzig sein würde.

Der ursprüngliche GTI war ein sensationeller Erfolg – leicht, reaktionsfreudig und verblüffend schnell, und das, obwohl er auf einem sparsamen Alltagsauto basierte, dazu geschmeidig und mit viel Charakter ausgestattet. Zahlreiche europäische Hersteller folgten dem Beispiel des GTI und bauten ihre eigenen heißen Flitzer, wodurch ein hart umkämpftes Segment entstand, das Praktikabilität, Sportwagen-Feeling und Fahrspaß kombinierte.

Der Nachfolger hatte also hohe Erwartungen zu erfüllen. Glücklicherweise wich das Design nicht weit von Giorgetto Giugiaros erfolgreichem Original ab, das er als wichtigstes Design seiner Karriere betrachtete. Schließlich war es das beste Beispiel dafür, wie sich sein „Faltpapier"-Stil von keilförmigen Supersportwagen auf ein „Volksauto" übertragen ließ. Aus gutem Grund musste Volkswagen-Designchef Herbert Schäfer das Design nicht grundlegend ändern, und der Golf wich bis zur fünften Generation im Jahr 2004 nie von seiner relativ kantigen Form ab. Die Kanten des Golf II waren zwar weicher, aber die Linienführung blieb stimmig und klar definiert – von der Front schmaler werdend bis zu einer sich verbreiternden Karosserie, die in einem typischen Golf-Element endete: den parallelen, schrägen Linien zwischen Heckklappe und Heckscheibe (bzw. Türrahmen bei Fünftürern).

Das Thema des GTI war schon immer die Farbe Rot, was im Kontraststreifen, der sich über die gesamte Breite des rechteckigen Kühlergrills erstreckte, sichtbar blieb. Er behielt auch die großen, runden Scheinwerfer, die nun bündig montiert waren und einen Kühlergrill mit vier Lamellen flankierten, wobei das GTI-Emblem heller und markanter war als zuvor.

Die Käufer schätzten den erhöhten Komfort – wie bessere Geräuschdämmung, hochwertigere Materialien im Innenraum und Klimaanlage – sowie den spritzigen Motor, der schließlich 16 Ventile erhielt und bis zu 137 PS leistete, womit er auch gegen reinrassige Sportwagen konkurrieren konnte. In Amerika, wo die Jetta-Limousine weitaus beliebter war, wurde der GTI dennoch 1985 zum „Motor Trend Car of the Year" gekürt.

Im Bestreben, ein hochwertigeres Image zu vermitteln, gingen die nachfolgenden Golf-Modelle und die entsprechenden GTIs in ihrer technologischen Ausstattung zu weit und konzentrierten sich zu sehr auf Leistung. Die Leichtigkeit und Dynamik des Originals ging dabei verloren. In diesem Sinne markierte der GTI der zweiten Generation den perfekten Kompromiss zwischen Raffinesse, Erschwinglichkeit und Fahrspaß. Es sind drei Buchstaben, die bis heute bei Volkswagen für Spaß am Fahren stehen.

GTI

Auch als sich der ursprüngliche GTI zum größeren, geschmeidigeren Golf GTI der zweiten Generation weiterentwickelte, blieb er ein ausgewogener Mix zwischen Sportwagen-Handling und erschwinglicher Alltagstauglichkeit. Der rote Rahmen um den Kühlergrill wurde zu einem prägenden Symbol des GTI, auch wenn sich das Volkswagen-Design über die Jahrzehnte weiterentwickelte.

„DER GTI DER ZWEITEN GENERATION MARKIERT DEN PERFEKTEN KOMPROMISS ZWISCHEN RAFFINESSE, ERSCHWINGLICHKEIT UND FAHRSPASS.“

VOLKSWAGEN GOLF GTI 2

Hersteller: Volkswagen
Designer: Herbert Schäfer
Produktionsjahre: 1983–1992
Motor: 1.781 cm³ EA827 SOHC-Reihen-4-Zylinder
Getriebe: 5-Gang-Schaltgetriebe
Maximale Leistung: 112 PS
Maximales Drehmoment: 155 Nm
Gewicht: 920 kg
Leistung / Gewicht: 122 PS / t
0–100 km / h: 8,4 Sek.
Höchstgeschwindigkeit: 191 km / h
Neupreis: 28 545 DM für das Modelljahr 1990

1990er–2000er

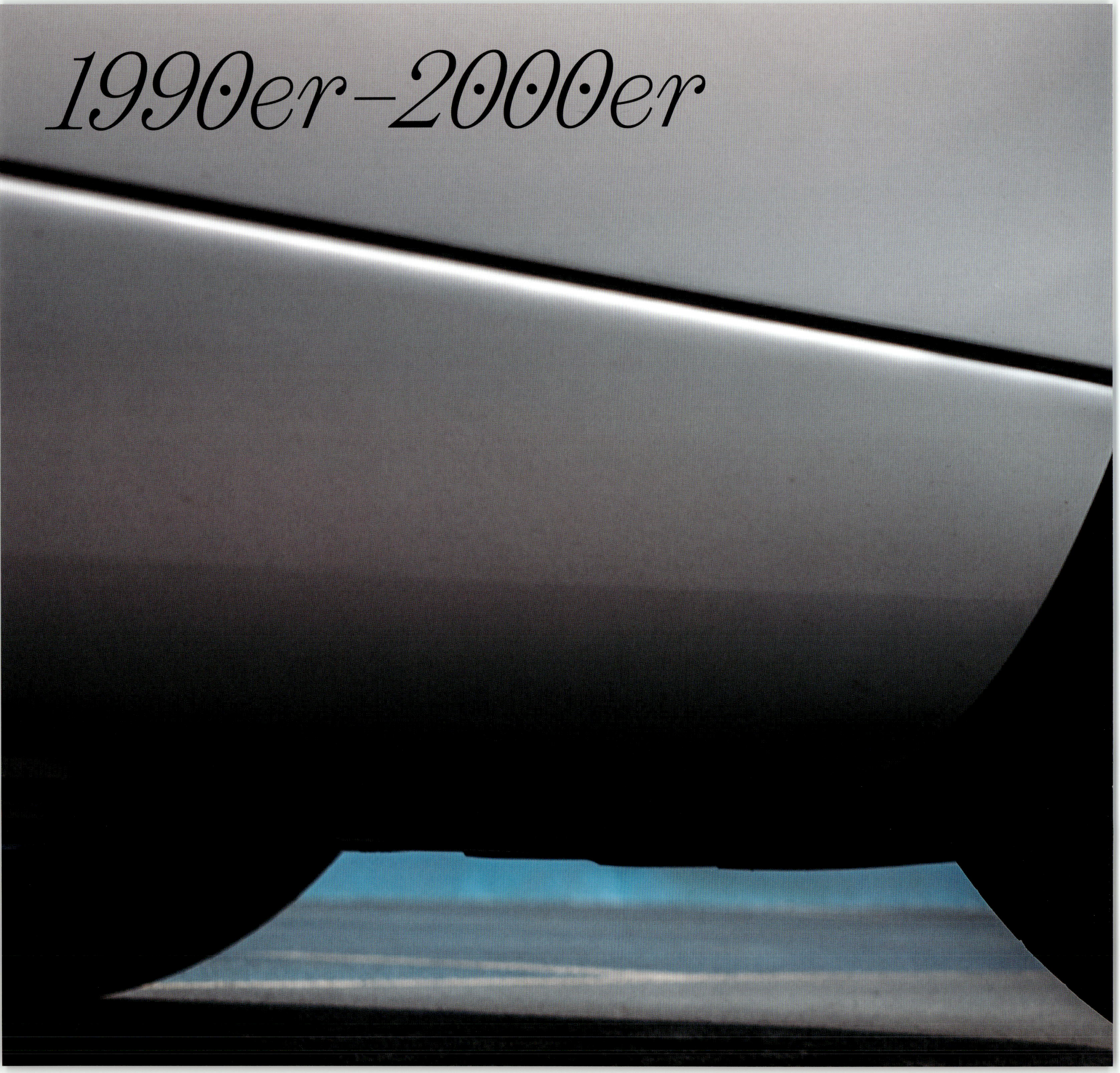

BMW

WIE DEUTSCHE AUTOS DIE WELT EROBERTEN

Die Internetkultur und unternehmerischer Ehrgeiz machen Deutschland zum Zentrum für automobile Entwicklung und Motorsporterfolge.

Nach 40 Jahren wurden die beiden Teile Deutschlands wiedervereint, erneut mit Berlin als Hauptstadt. Stücke der Berliner Mauer, mit Graffiti bedeckt, wurden in alle Welt verschickt, um an diese Ära zu erinnern, die die Deutschen hinter sich lassen wollten, um sich den europäischen Nachbarn zuzuwenden: Die Kultur der nun nicht mehr durch die Mauer getrennten Metropole war so lebendig wie eh und je, mit Underground-Raves und Loveparade, und knüpfte an Berlins großes künstlerisches Erbe an.

Und es war Zeit für neue Stars im Motorsport. Die Formel-1-Saison 1994 verlief dramatisch: Es gab einen Betrugsskandal, Mercedes-Benz kehrte nach vier Jahrzehnten Abstinenz in die Formel 1 zurück, und zwei Sportgrößen, Ayrton Senna und Roland Ratzenberger, kamen auf tragische Weise ums Leben. Es war auch das Jahr, in dem ein gewisser Michael Schumacher mit dem angeblich schlechtesten Auto im Starterfeld seinen ersten Weltmeistertitel gewann. Jochen Rindt, ein Deutscher (der allerdings für Österreich antrat), hatte die Meisterschaft zuletzt 1970 gewonnen – posthum. 1995 verteidigte Schumacher seinen Titel erfolgreich. Dann rief Ferrari. Von 2000 bis 2004 gewann Schumacher fünf Weltmeisterschaften in Folge und wurde zum größten Fahrer der Grand-Prix-Geschichte.

Ferraris Dominanz wurde schließlich von Mercedes-Benz gebrochen. Mit Lewis Hamilton und Nico Rosberg sicherte sich das Team von 2014 bis 2021 sieben Fahrer- und acht Konstrukteurstitel in Folge. Hamilton und Rosberg kannten sich noch aus Kart-Tagen, nun waren sie erbitterte Rivalen im selben Team. Während Rosberg 2016 zurücktrat, blieb Hamilton weitere acht Jahre bei Mercedes und zog mit Michael Schumachers bei der Anzahl an WM-Titeln gleich.

Deutsche Teams glänzten ebenfalls im Langstreckenrennsport. Audis 13 Siege in Le Mans seit dem Jahr 2000 machten die Marke zur zweiterfolgreichsten nach Porsche, das bereits drei Jahrzehnte zuvor mit dem Siegen begonnen hatte und insgesamt 19 Siege vorweisen kann. Audis Starfahrer Tom Kristensen erzielte die meisten Siege eines Fahrers: neun insgesamt, davon sechs in Folge – beeindruckende Zahlen für Mensch und Maschine.

Deutsche Autohersteller expandierten in dieser Zeit rasch auf internationaler Ebene. BMW nahm den britischen Markt ins Visier, modernisierte den legendären Mini im Retro-Stil, übernahm Rover und schließlich sogar Rolls-Royce. Derweil blickte Mercedes-Benz nach Amerika und fusionierte 1998 mit Chrysler, der damals größte Zusammenschluss in der deutsch-amerikanischen Geschichte. Obwohl als „Fusion unter Gleichen“ angekündigt, war sie von kulturellen Konflikten und Übernahmevorwürfen geprägt. Zehn Jahre später war der ursprüngliche Wert von DaimlerChrysler auf ein Fünftel geschrumpft.

Die Loveparade lockte über eine Millionen Besucher ins wiedervereinigte Berlin. Die Djane und Sängerin Marusha wurde zu einem der bekanntesten Gesichter des Techno in Deutschland. *Gegenüber:* Michael Schumacher 1992 vor seinem Benetton B192. Zwei Jahre später sollte er erstmals Formel-1-Weltmeister werden.

ICEBERG
Agip
CAMEL
SANYO
GOODYEAR
Lpr

Nach dem Mauerfall werden die einstmals begehrten Trabis als Autowracks in den Straßen Ost-Berlins zurückgelassen.

Doch kein Hersteller nahm sich mehr vor als Volkswagen. Unter der Herrschaft von Ferdinand Piëch, einem Nachkommen der Porsche-Familie, wurden renommierte Marken wie Bentley und Lamborghini vom Volkswagen-Konzern übernommen. Auch Porsche wurde einverleibt und Bugatti wiederbelebt mit dem Auftrag, das schnellste Auto der Welt zu bauen. Das Ergebnis: der Veyron, mit einem 16-Zylinder-Motor, vier Turboladern, 987 PS und 407 km/h Höchstgeschwindigkeit – ein Meisterstück der Automobilgeschichte.

Doch wie DaimlerChrysler blieb auch Volkswagen nicht von Skandalen verschont. 2015 wurde aufgedeckt, dass die Software der Dieselmotoren bei Abgastests betrog und tatsächlich weit mehr giftige Emissionen freigesetzt wurden. Diese Enthüllung sandte Schockwellen durch die ganze Branche, denn europäische Marken hatten Diesel lange als schicke Alternative vermarktet. Audi hatte fünf seiner dreizehn Le-Mans-Siege mit Dieselmotoren eingefahren. Volkswagens kompromisslose Dieselstrategie kostete letztlich Milliarden – hunderttausende Fahrzeuge verrotteten in Lagerhallen, Rückkäufe in aller Welt waren die Folge.

Nach dieser Moralkrise kündigte Volkswagen eine neue Ausrichtung an: volle Konzentration auf E-Autos. Um den Wandel zu demonstrieren, schickte der Konzern ein eigens entwickeltes Elektro-Rennfahrzeug zum legendären Pikes Peak International Hill Climb. 2018 durchbrach der I. D. R als erstes Auto die Acht-Minuten-Marke bei dem traditionsreichen Bergrennen – und stellte einen neuen Gesamtrekord auf. Diese spektakuläre Leistung ebnete den Weg für luxuriöse Elektrofahrzeuge der 2010er Jahre, etwa den Audi e-tron GT, den Porsche Taycan und die Mercedes-Benz EQS-Serie. Sie vereinten Langstreckenkomfort mit atemberaubender Beschleunigung und boten einen Ausblick auf die elektrische Zukunft.

Zu Beginn der 2000er Jahre hauchte das Internet traditionsreichen Veranstaltungen und Rennstrecken neues Leben ein. Motorsportfans, die mit Modems aufgewachsen waren, entdeckten neue Möglichkeiten, ihrer Leidenschaft nachzugehen. Fahrzeuge aus aller Welt, einst unerreichbar, rückten in greifbare Nähe – und trieben die Branche in eine aufregende neue Ära. Videospiele wie Gran Turismo machten Autos wie den Nissan Skyline oder die Porsche-Umbauten von RUF weltweit populär. Online-Foren, Filesharing-Plattformen und YouTube weckten neues Interesse an der historischen Nürburgring-Nordschleife.

Mit 154 Kurven bei 21 Kilometern Länge wurde der inzwischen 100 Jahre alte Kurs in der Eifel einst als Bühne deutscher Ingenieurskunst konzipiert – und hat sich bis heute kaum verändert. Er ist technisch gesehen eine mautpflichtige Straße, die für die Öffentlichkeit zugänglich ist. Für ein paar Euro können Autofahrer dieselbe Strecke befahren, auf der Fangio 1957 beim Großen Preis von Deutschland seinen größten Sieg errang, Niki Lauda 1976 nur knapp dem Tod entging und Stefan Bellof 1983 mit einer Durchschnittsgeschwindigkeit von 201 km/h einen bis heute gültigen Rekord von 6 Minuten und 11,13 Sekunden aufstellte.

In den 2000er Jahren wurde „der Ring" zum Wirtschaftszentrum. Hersteller aus aller Welt nutzen die Strecke seither für Hochgeschwindigkeits- und Fahrwerktests, auch in der Hoffnung, Rekorde zu brechen und ihre Rundenzeiten weltweit in der Werbung zu vermarkten. Das rückte auch das kleine, autoverrückte Städtchen Adenau mit seinen weniger als 3000 Einwohnern auf die internationale Landkarte.

„DEUTSCHE AUTOHERSTELLER EXPANDIERTEN IN DIESER ZEIT AUF INTERNATIONALER EBENE. DOCH KEIN HERSTELLER NAHM SICH MEHR VOR ALS VOLKSWAGEN."

Links: Einer der beiden Autotürme mit VW-Neuwagen in der 2000 eröffneten Autostadt in Wolfsburg. *Rechts:* Mittelfeldspieler Lothar Matthäus im siegreichen WM-Finale 1990.

AUDI TT

Aus einer „kleinen Kritzelei" auf dem Schreibtisch eines Designers wurde eine Ikone der Automobilgestaltung.

Die Designprinzipien der 1919 in Weimar gegründeten Bauhaus-Schule waren einfach: Form folgt Funktion. Die Anhänger der Schule betonten Minimalismus mit geometrischen Formen, schätzten Handwerker als Künstler und integrierten Technologie in kreative Prozesse. Diese Philosophie und die daraus entstandene Bewegung läuteten ein Jahrhundert des Modernismus ein, das schließlich alle Bereiche des Designs beeinflusste, vom International Style in der Architektur über avantgardistisches Grafikdesign und Fotografie bis hin zum Industriedesign, das bewies, dass jedes denkbare Produkt auch ein schönes Objekt sein kann.

Freeman Thomas hatte das Erbe des Bauhauses im Hinterkopf, als er eine schnelle Skizze (eine „kleine Kritzelei", wie er es nannte) anfertigte, aus der später der Audi TT werden sollte. Es war 1994, und er hatte gerade mit dem Volkswagen Concept One einen Erfolg gelandet – eine Neuinterpretation des klassischen Käfers, die sofort vertraut wirkte, aber auch ins 21. Jahrhundert passte. Thomas hatte den Concept One zusammen mit J Mays entworfen, der die Ideen aufgriff und bei Ford eine Retrofuturismus-Bewegung ins Leben rief. Der New Beetle kam so gut an, dass VW nicht anders konnte, als ihn in Serie zu produzieren.

Monate später zeigte Thomas Mays seinen Entwurf für das Audi Coupé. Mays ermutigte Thomas, ihn weiterzuentwickeln, und auch die Audi-Bosse unterstützten das Projekt. Das daraus entstandene Konzeptfahrzeug wurde 1998 als TT vorgestellt. Der Name verweist auf die Tourist Trophy, das weltweit berühmteste und härteste Motorradrennen, das jährlich auf der Isle of Man stattfindet und einst von Audis Vorgängern NSU und DKW gewonnen wurde. Mit seinen markanten, weit nach außen gezogenen Radläufen, die sich symmetrisch an Front und Heck spiegeln, war der TT beeindruckend minimalistisch – seine rationale Formgebung machte ihn umso faszinierender. Eine einzige Charakterlinie zog sich vom vorderen zum hinteren Kotflügel über die kurze Karosserie. Das Fastback-Heck erinnerte an die stromlinienförmigen Auto-Union-Silberpfeile und endete noch vor der Mitte der Hinterräder, um die Symmetrie nicht zu stören.

Audi brachte den TT fast ohne Abweichungen vom Konzeptentwurf in Serie – was bei Serienfahrzeugen nicht oft passiert. Wie der New Beetle teilte sich der TT das Fahrgestell und den Antriebsstrang mit dem Golf. Allerdings verfügte nur der Audi über den berühmten Allradantrieb Quattro, der den neuen TT mit einer illustren Vergangenheit verband. Zwei kleinere Probleme verzögerten den Produktionsstart. Audi benötigte mehr Zeit als gedacht, um ein modernes Laserschweißverfahren zu implementieren, das fugenlose Karosserieteile ermöglichen sollte – ein Novum in der Branche. Außerdem stellten die Ingenieure fest, dass ein kleiner Heckspoiler notwendig war, nachdem sich auf der Autobahn mehrere aufsehenerregende Unfälle wegen mangelndem Anpressdruck ereigneten.

Nachdem die Kinderkrankheiten beseitigt waren, war der TT viel mehr als die Summe seiner Teile. Audi brachte zwei weitere Generationen des TT auf den Markt, die sportlicher und aggressiver waren, sich aber in Größe und Schlichtheit nicht vom Original unterschieden. In einem rückläufigen Markt für kleine Coupés war es trotzdem erstaunlich, dass Audi den TT weiterführte. Schließlich wurde er sogar zum ebenbürtigen Bruder des R8, einem weiteren wegweisenden Audi, der fast unverändert vom Konzept bis in die Serienproduktion gelangte.

Nach einer Reihe von viel beachteten Unfällen versah Audi den TT mit einem kleinen Heckspoiler, um bei hohen Geschwindigkeiten Auftrieb zu verhindern. Der Spoiler beeinträchtigte die Schlichtheit und Symmetrie des Designs kaum – ein Beweis für Freeman Thomas' gelungenes Konzept.

Mit seinem Retro-Look in der Tradition des Volkswagen New Beetle erwies sich der TT als Hit im Segment der sportlichen, praktischen Coupés. Der Tankdeckel aus Aluminium war eine Anspielung auf die Rennsportgeschichte von Audi. Scheinwerfer und Rückleuchten waren praktisch symmetrisch und harmonierten mit der Gesamtform des Fahrzeugs.

„AUDI BRACHTE DEN TT FAST OHNE ABWEICHUNGEN VOM KONZEPTENTWURF IN SERIE – WAS BEI SERIENFAHRZEUGEN NICHT OFT PASSIERT."

AUDI TT

Hersteller: Audi AG
Designer: J Mays / Freeman Thomas / Peter Schreyer
Produktionsjahre: 1998–2006
Motor: 1781 cm^3 DOHC-Reihenvierzylinder
Getriebe: 5-Gang-Schaltgetriebe / 6-Gang-Schaltgetriebe / 6-Gang-Automatikgetriebe
Maximale Leistung: 180 PS / 224 PS
Maximales Drehmoment: 235 Nm / 280 Nm
Gewicht: 1280 kg
Leistung / Gewicht: 140 PS / t / 175 PS / t
0–100 km / h: 7,8 Sek. (Version mit 224 PS)
Höchstgeschwindigkeit: 280 km / h (Version mit 224 PS)
Neupreis: 56 300 DM

ZH·111683

MERCEDES-AMG GT

Wenn du es auf den König abgesehen hast, musst du dein Bestes geben – so wie AMG im Duell mit dem 911.

Viele Hersteller haben versucht, einen „Porsche-Killer" zu bauen – ein Auto, das mit dem Porsche 911 konkurrieren kann, der sich durch Vielseitigkeit, relative Erschwinglichkeit und kompromisslose Fokussierung auf fahrerisches Können auszeichnet. Als wäre die Entwicklung eines Sportwagens nicht schon schwierig genug, ist genau dieses Ziel eine besonders schwierige Aufgabe: Konzentriert man sich zu sehr auf die Geschwindigkeit, landet man beim Preis schnell im Supercar-Segment. Versucht man hingegen, alle Attribute zu einem bestimmten Preis zu realisieren, wird am Ende möglicherweise kein einziges Ziel wirklich erreicht.

Das hat die großen Automobilhersteller der Welt nicht davon abgehalten, es zu versuchen. Als Mercedes-Benz in den 2010er Jahren seinen nächsten großen Sportwagen ankündigte, spekulierten Journalisten und Experten, ob es sich um einen exklusiven Supersportwagen wie den Mercedes-McLaren SLR oder den SLS AMG handeln würde. Doch dieses Mal, bei seinem zweiten eigenständig entwickelten Modell, nahm AMG direkt den Porsche 911 ins Visier.

Die legendäre Tuning-Abteilung war bestens darauf vorbereitet, es mit jedem aufzunehmen. Seit ihrer Gründung im Jahr 1967 kombinierte sie technisches Know-how mit einer Prise Wahnsinn und rüstete die größten und leistungsstärksten Mercedes-Modelle mit noch extremeren Motoren aus. Viele hatten 12 Zylinder, Doppelturbolader oder beides – und jeder einzelne dieser Motoren wurde von einem einzigen Techniker montiert, der eines der anspruchsvollsten Ausbildungsprogramme der Autowelt durchlaufen hatte. Jedes AMG-Modell trägt eine Plakette mit der Unterschrift seines Erbauers – „Ein Mann, ein Motor" lautet das interne Motto in Affalterbach, nur eine halbe Stunde von Mercedes in Stuttgart entfernt.

Der AMG GT wurde 2014 vorgestellt und hatte die klassischen Proportionen eines traditionellen Sportwagens. In seiner reinsten GT-Form präsentierte er sich mit einer zurückhaltenden, sanft geschwungenen Silhouette, die das Cockpit so weit wie möglich nach hinten verlagerte und in einem elegant abfallenden Fließheck endete – ohne ausgestellte Kotflügel, Lufteinlässe oder Schlitze. Doch das blieb nicht lange so. Mit der Zeit nahm die Form des AMG GT rennsporttaugliche Konfigurationen an: mit breiteren Kühlergrills, seitlichen Hutzen sowie Carbon-Spoilern und -Flaps. Die kompromisslosen Black Series- und GT R-Modelle traten direkt gegen Porsche und das übrige Rennsport-Establishment an, stellten Nürburgring-Rundenrekorde auf und errangen Siege in der GT3-Klasse – unter anderem gegen Porsches mit demselben Namenszusatz.

Mercedes, das mit dem 300 SL von 1954 das erste moderne Supercar auf den Markt brachte, wird als Hersteller sportlicher Automobile oft unterschätzt – trotz einer über 100-jährigen Rennsporttradition und der Bezeichnung „Sport Leicht" für seine ikonischen Zweisitzer. Die Einführung eines so begehrten Modells wie des AMG GT ist ein seltener Moment. Wenn Sportwagen ihrem Wesen nach so kompromisslos wie möglich sein sollen und gleichzeitig Motorsport-Erfahrung aus Vergangenheit und Gegenwart in sich vereinen müssen, dann haben sowohl Porsche als auch Mercedes voll ins Schwarze getroffen.

MERCEDES-AMG GT

Hersteller: Mercedes-AMG
Designer: Robert Lešnik / Gabriel Nemeth / Huey Lee / Mark Fetherston / Jan Kaul
Produktionsjahre: 2014–2022
Motor: 3982 cm³ M178 DOHC V8 mit zwei Turboladern
Getriebe: 7-Gang-Doppelkupplungsgetriebe
Maximale Leistung: 462 PS
Maximales Drehmoment: 600 Nm
Gewicht: 1645 kg
Leistung / Gewicht: 281 PS / t
0–100 km / h: 3,2 Sek.
Höchstgeschwindigkeit: 310 km / h
Neupreis: 115 430 €

Bei seiner Premiere im Jahr 2014 sprintete der erste Supersportwagen von AMG in 4,0 Sek. von 0 auf 100 km/h – leistungsstärkere und rennstreckenoptimierte Versionen haben diesen Wert seither unterboten. Wie bei jedem AMG wird auch hier jeder Motor von nur einer Person montiert, deren Name die Carbon-Motorabdeckung ziert.

„AMG KOMBINIERT TECHNISCHES KNOW-HOW MIT EINER PRISE WAHNSINN UND RÜSTET DIE GRÖSSTEN UND LEISTUNGSSTÄRKSTEN MERCEDES MIT NOCH EXTREMEREN MOTOREN AUS."

DER AUFSTIEG DER TUNER

Seit den 1970er Jahren erreichen Tuner ungeheure Leistungen und Geschwindigkeiten. Sie setzen dabei auch stilistisch neue Maßstäbe.

Bunt, übertrieben und mit PS vollgestopft: Die Tuningfahrzeuge der 1970er und 1980er Jahre waren unübersehbare Statussymbole – Zeichen von Reichtum, obszöner Leistung und gelegentlich sogar gutem Geschmack. Man denke an riesige Spoiler und hoch aufragende Heckflügel oder tief eingelassene Felgen. Dazu schillernde Metalliclackierungen auf allen Oberflächen, inklusive farblich abgestimmtem Kühlergrill und Zierleisten. Je breiter die Karosserie, desto besser: kantige Kotflügelverbreiterungen, kombiniert mit Finnen, Lufteinlässen und Lüftungsschlitzen. Überladene Innenräume mit weißem Leder, edlen Holzverkleidungen und das neueste Zubehör – eingebaute Fernseher, Autotelefone und aufwendige Soundsysteme.

Jede Marke hatte ihren eigenen Stil. Bei Porsche war die Flachbau-Optik das Nonplusultra, während mehrere Tuningfirmen den neuesten Mercedes-Coupés Flügeltüren verpassten. Die aufwendigen Streifendekore von Alpina wurden zum Markenzeichen der Turbo-BMWs, und bei Koenig Specials in München veredelte man Ferraris mit breiten Kotflügeln und walzenartigen Reifen. Der auf dem Porsche 911 basierende Gemballa Avalanche verfügte über einen von RUF entwickelten Biturbo-Motor mit 375 PS. Das Design hingegen stammte komplett von Gemballa – mit Flachbau-Front, tiefen seitlichen Lufteinlässen und einem riesigen Heckspoiler mit Lufteinlässen, Lamellen und geschwungenen Streben.

Der Mercedes-Benz CLR macht dem Namen „Silberpfeil" beim 24-Stunden-Rennen von Le Mans 1999 alle Ehre.

In dieser mutigen, experimentellen Ära der Tuningkultur war das Ziel immer: mehr Leistung. Koenig und Alpina trieben die Turbo-Technik auf die Spitze – Ferrari- und BMW-Modelle bekamen Biturbos, Ladeluftkühler und die dafür erforderlichen Leitungen. Naheliegender erschien es, einfach den größtmöglichen Motor einzubauen. Der Mercedes-Benz-Tuner AMG schlug diesen Weg ein, indem man dort einen 6,0-Liter-V8 in die mittelgroße Baureihe 124 verpflanzte – eine brutale Kombination mit derartiger Beschleunigung, dass das Geschoss als „Hammer" bekannt wurde. Eine noch extremere Variante kann man seit Kurzem bei Brabus bestellen: eine auf dem ohnehin physikalisch fragwürdigen Mercedes-AMG G 63 basierende G-Klasse namens 900 Rocket Edition mit Kohlefaserkarosserie, doppelten Kotflügelverbreiterungen und 900 PS. (Und falls der nicht in die Garage passt: Brabus brachte auch den Smart auf Leistung und deckt so beide Enden der Mercedes-Benz-Palette ab.)

Natürlich spielte der Preis keine Rolle. Jeder der 15 gebauten Gemballa Avalanches kostete stolze 390 000 D-Mark. Kein Wunder also, dass der Rapper Vanilla Ice einen besaß – er erwähnte ihn sogar in einem Song. Auch der Sultan von Brunei fügte seiner 7000 Fahrzeuge umfassenden Sammlung einen Koenig Special Ferrari 512 BB mit Biturbo hinzu. RUF Automobile begann 1939 als bescheidene Reparaturwerkstatt. Firmengründer Alois Ruf senior experimentierte mit dem Bau eigener Fahrzeuge und machte den Betrieb zu einem kleinen, aber erfolgreichen Bushersteller. Sein Sohn entwickelte aus dem Unternehmen eine Manufaktur für Sportwagen – insbesondere Porsche – und etablierte RUF nicht nur als Tuner, sondern als eigenständigen Fahrzeughersteller. Er verwendete unlackierte Rohkarosserien und vergab eigene Fahrgestellnummern.

So entstand das schnellste Serienfahrzeug der Welt: Der CTR Yellowbird brach 1987 auf spektakuläre Weise den Geschwindigkeitsrekord. Der Ferrari F40 hatte im März als erstes Serienauto die 200-mph-Marke (322 km/h) durchbrochen. Doch nur Wochen später ließ *Road & Track* den CTR gegen die schnellsten Autos der

Der Mercedes-AMG GT R Pro, der auf der Los Angeles Auto Show 2018 vorgestellt wurde, war weltweit auf 750 Exemplare limitiert.

Welt antreten – darunter ein Ferrari Testarossa, ein Lamborghini Countach und ein monsterbreiter Koenig-Porsche. Die Rennfahrer Paul Frère und Phil Hill erreichten im CTR unglaubliche 339 km/h – und waren damit 13 km/h schneller als der Ferrari. Der CTR war eines von nur zwei Autos an diesem Tag, das die 200-mph-Marke übertraf.

Endgültig zur Legende wurde der CTR auf dem Nürburgring, auf dem seit über zehn Jahren kein Grand Prix mehr stattgefunden hatte. In T-Shirt und Slippern (und ohne Helm!) stieg Testfahrer Stefan Roser in den CTR und fuhr die nächsten 20 Minuten wie ein Besessener: Er ließ den CTR durch die Kurven driften und riss das Lenkrad wild hin und her, als wollte er ein Wildpferd zähmen. Das daraus entstandene Video *Faszination auf dem Nürburgring* machte sowohl die Nordschleife als auch den CTR bei Speed-Fanatikern bekannt. Rosers virtuose Fahrt ergab eine inoffizielle Rundenzeit von 8:05 Minuten – eine erstaunliche Zeit, egal in welcher Ära.

Die AMG-Gründer Hans-Werner Aufrecht und Erhard Melcher hatten in der Forschungs- und Entwicklungsabteilung von Mercedes-Benz gearbeitet. 1967 machten sie sich selbstständig und starteten ihr erstes Projekt auf Basis des 300 SEL 6.3, der schon damals in den biederen Werkshallen von Mercedes aus dem Rahmen fiel: ein mächtiger V8-Motor, der einer 600er-Limousine würdig war, wurde in den Motorraum für einen Sechszylinder gequetscht.

Bis heute gibt es keinen einfacheren Weg zu mehr Geschwindigkeit als die Formel „großer Motor, kleines Auto". Aber selbst damit war man bei AMG noch nicht zufrieden. Sie bohrten den Motor auf 6,8 Liter auf und nahmen an den 24 Stunden von Spa teil. Die zwei Tonnen schwere „Rote Sau" belegte den zweiten Platz in der Gesamtwertung. Bei Mercedes wurde man aufmerksam. Tuningfirmen standen finanziell oft auf wackeligen Füßen. Eine Übernahme durch den Hersteller, dessen Fahrzeuge sie modifizierten, war für viele der beste Weg zu langfristiger Stabilität. Genau das gelang AMG, das nach Jahren radikaler Mercedes-Umbauten 1999 offiziell in den Konzern integriert wurde.

AMG hat sich mit Mercedes-Benz eine Nische geschaffen und gezeigt, wie eine Super-Limousine Corvette- und Lamborghini-Fahrer aus ihren Sitzen reißen kann. Für Mercedes-Benz war die Idee, AMG als Tuningwerkstatt für Sportwagen wie den SLS AMG oder den Formel-1-inspirierten Mercedes-AMG ONE zu nutzen, höchst attraktiv. Heute gibt es von so gut wie jedem Mercedes-Modell eine AMG-Variante – und bei allen AMG-Motoren gilt: Ein Mann, ein Motor. Jedes Aggregat wird von einem Techniker allein montiert, inklusive Namensschild auf dem Motorblock.

Getunte Autos sind selten langlebig. Ihre Straßenzulassung scheitert dabei oft an ihrer Überzüchtung, fragwürdiger Verarbeitung, gewagten Personalisierungen – oder schlicht an den Fahrern, die mit so viel Leistung überfordert sind.

Durch die heutige Liebe zur Nostalgie erleben die wenigen Überlebenden der Tuningszene eine Renaissance, emotional und finanziell. Aufgrund strenger Zulassungsbeschränkungen kennt eine ganze Generation RUF eher aus Videospielen als von der Straße. Alte VHS-Aufnahmen, die ins Internet hochgeladen werden, zeigen die ungebändigte Wildheit des CTR, der Hämmer und des Flügeltüren-Mercedes. Viele verbinden deshalb heute Namen wie AMG oder Alpina einfach mit „dem schnellsten Auto im Autohaus"– doch die Ursprünge der Autotuner zu kennen, war diesen kleinen Exkurs sicher wert.

„BUNT, ÜBERTRIEBEN UND MIT PS VOLLGESTOPFT: DIE TUNINGFAHRZEUGE DER 1970ER UND 1980ER JAHRE WAREN UNÜBERSEHBARE STATUSSYMBOLE."

Links: Brabus stattete die Mercedes-Benz G-Klasse mit fast 800 PS aus. *Rechts:* Der Porsche Gemballa Avalanche GTR 750 hat genauso viel PS, wie sein Name vermuten lässt.

Der BMW 2002 Turbo gehörte zu den ersten Turbofahrzeugen mit Buchstaben in Spiegelschrift – gedacht für den Rückspiegel langsamerer Fahrer.

25 BMW

BMW Z8

Eine Hommage an die Vergangenheit – und an die Gegenwart eines Autobauers auf der Überholspur.

Das Z steht bei BMW für „Zukunft". Warum trägt dann ein Retro-Design wie jenes des Z8 diesen Namen? Grund ist der 507 Roadster, der die Vergangenheit und die Gegenwart von BMW so stark prägte, dass sich die Designer entschieden, ihn in die Zukunft zu führen.

Es zeigt sich, dass Zukunft für Designer viele Bedeutungen haben kann. Der BMW Z1, der dem Z8 im Jahr 1989 vorausging, war mit seinen nach unten öffnenden Türen und seinem modernen Aussehen ebenfalls eine zukunftsweisende Interpretation der Roadster-Linie von BMW. Doch der Designer Henrik Fisker, der zehn Jahre später die Entwicklung des Z8 leitete, griff den Trend des Retrofuturismus der 90er Jahre auf und schuf eine moderne Interpretation eines Designklassikers, der die Herzen der BMW-Fans bereits erobert hatte.

In weniger talentierten Händen wäre eine moderne 507-Interpretation möglicherweise zu sehr an aufrechte Scheinwerfer und angedeutete Heckflossen gebunden gewesen. Glücklicherweise vermied Fisker – der sein Können später bei Aston Martin, Ford, Tesla und in seiner eigenen Karosseriebaufirma unter Beweis stellen sollte – eine zu wörtliche Kopie und ließ Raum für eine Neuinterpretation.

Einige Elemente sind zeitlos: die klassischen Proportionen mit einer atemberaubend langen und flach abfallenden Motorhaube und einem möglichst weit nach hinten gezogenen Cockpit mit anmutig geschwungener Form. Doch Fisker fand auch Platz für Modernität: Die schlanken Scheinwerfer des Z8 waren bündig und nach hinten gezogen, während die schmalen, horizontalen Rückleuchten das Heck mit einer cleveren Prise Futurismus abrundeten, die sich nahtlos in klassische Designmerkmale einfügte.

Der Futurismus setzte sich auch unter der Karosserie fort. Die Kurven des Z8 wurden vollständig aus Aluminium gefertigt und in ein maßgeschneidertes Aluminium-Chassis und -Rahmenwerk eingebaut. Der V8-Antriebsstrang aus dem BMW M5 in Verbindung mit dem leichtgängigen Sechsgang-Schaltgetriebe des Unternehmens verlieh dem Z8 das Potenzial, einem Ferrari davonzufahren. Mit fast 400 PS beschleunigte der Z8 in nur 4,7 Sekunden von 0 auf 100 km/h. Die Höchstgeschwindigkeit wurde bei 250 km/h abgeregelt, aber die Tatsache, dass der Z8 nur mit Ragtop erhältlich war, sorgte bis in den dreistelligen Bereich für ein windgepeitschtes Fahrvergnügen.

Für BMW, wo man sich zuvor nicht besonders für Retro-Ästhetik interessiert hatte, begann mit dem Z8 eine neue Ära. Und das Timing dafür war um die Jahrtausendwende perfekt. Während die aktuellen Designs von BMW immer kantiger und unharmonischer, geradezu aggressiv wurden, erinnerten Designstudien wie die Hommage-Serie an die Magie vergangener Zeiten. In diesem Sinne war der Serien-Z8 eine Brücke zwischen Vergangenheit und Gegenwart. Selbst jemand, der nichts über die Geschichte von BMW wusste, würde den Z8 nicht unbedingt als direkte Hommage wahrnehmen – sondern einfach als einen wunderschönen Roadster, bei dem alles an der richtigen Stelle sitzt. Schon das allein ist ein Beweis für den Status des Z8 als moderne Ikone.

BMW

Der formschöne Z8, der die Stilelemente des legendären Roadsters 507 ins 21. Jahrhundert übertrug und dennoch eine ganz eigene Persönlichkeit hatte, war dazu bestimmt, ein seltener moderner Klassiker zu werden. Inspirierende Details wie die mittig angeordneten Instrumente und das Metallspeichenlenkrad wirken ebenso retro wie der Rest des Autos.

25 BMW

Henrik Fisker war federführend am Außendesign des Z8 beteiligt, bevor er zu Aston Martin wechselte und schließlich sein eigenes Unternehmen gründete. Seine Arbeit würdigte stets das Erbe dieser Marken, ohne sie nostalgisch zu verklären, was sich an den stromlinienförmigen Scheinwerfern und dem abgerundeten Heck des Z8 zeigt, die ein bahnbrechendes Design darstellten.

„FÜR BMW, WO MAN SICH NIE BESONDERS FÜR RETRO-ÄSTHETIK INTERESSIERT HATTE, BEGANN MIT DEM Z8 EINE NEUE ÄRA."

BMW Z8

Hersteller: BMW
Designer: Henrik Fisker / Scott Lempert
Produktionsjahre: 1999–2003
Motor: 4941 cm³ S62 DOHC-V8
Getriebe: 6-Gang-Schaltgetriebe
Maximale Leistung: 400 PS
Maximales Drehmoment: 500 Nm
Gewicht: 1585 kg
Leistung / Gewicht: 252 PS / t
0–100 km / h: 4,7 Sek.
Höchstgeschwindigkeit: 250 km / h (elektronisch begrenzt) / 290 km / h (unbegrenzt)
Neupreis: 230 000 DM

AUDI RS2 AVANT

Der Superkombi verbindet das Beste aus beiden Welten.

Das Projekt war eine perfekte Kombination aus Audis Quattro-Technologie und dem Know-how von Porsche. Mit über 300 PS aus einem aufgeladenen Fünfzylindermotor beschleunigte der RS2 in nur 4,8 Sekunden von 0 auf 100 km/h und erreichte eine Höchstgeschwindigkeit von 262 km/h. Eine Porsche-gebrandete Brembo-Bremsanlage und das Torsen-Sperrdifferenzial von Audi verliehen ihm die Eigenschaften eines Sportwagens. Er war nicht nur das erste Modell mit dem RS-Schriftzug, sondern auch der schnellste Audi, der bis dahin gebaut worden war. Und als der Audi RS2 Avant 1994 auf die Autobahnen kam, wirkte er äußerlich wie eine Familienkutsche.

Audi hatte zu dieser Zeit ein Coupé, das sich grundsätzlich besser als Plattform für eine Hochleistungsvariante anbot. Doch ein schneller Kombi bot das Beste aus beiden Welten: Der RS2 Avant war nicht nur genauso praktisch, geräumig und leistungsfähig wie die Audi 80 Limousine, auf der er basierte, sondern seine unaufdringliche Art überraschte auch die Fahrer von Sportwagen – selbst von Porsche 911ern.

Porsche hatte schon früher mit dem Allradantrieb experimentiert, insbesondere mit dem 959, aber das Quattro-System von Audi war revolutionär. In der Rallye-Weltmeisterschaft war der Audi Quattro eine Offenbarung. Das erste Allrad-Rallyeauto erwies sich auf Eis, Schnee, Feldwegen und Schotter als gleichermaßen sicher und stabil und dominierte die schwierige Gruppe B vom ersten Rennen 1981 bis zum Ende der Serie. „Das Auto gab dir so viel Selbstvertrauen, du dachtest, du könntest fliegen“, urteilte die legendäre Pilotin Michèle Mouton, die mit Audi vier Gruppe-B-Rennen gewann.

Audi montierte den RS2 Avant in seinem Werk in Neckarsulm, anschließend ging er zur Fertigstellung an Porsche im nahe gelegenen Zuffenhausen. Porsche kombinierte einen größeren KKK Lader mit einem Ladeluftkühler, um noch mehr Power herauszuholen, und installierte weitere Komponenten, die zu einer Leistungssteigerung von 30 Prozent beitrugen.

Für Uneingeweihte sah ein RS2 Avant einfach wie ein typischer Kombi aus. Genau das war die Absicht. Es gab keine Kotflügelverbreiterungen, Lufteinlässe oder Kohlefaserelemente, und selbst die Dachreling blieb erhalten. Der einzige größere optische Unterschied war die untere Frontstoßstange mit drei abgerundeten Lufteinlässen, die im Kontrast zur kastigen Form des Kombis standen. Porsche übernahm diese Gestaltungselemente sogar für die Frontpartie des 911 Turbo der Generation 993, der in Produktion ging, als der RS2 Avant bereits auslief. Die Räder und Seitenspiegel wurden direkt vom Porsche 911 Turbo übernommen, während das RS2-Emblem den Schriftzug PORSCHE trug. Im Innenraum wurde sogar die Kohlefaserverkleidung mit dezenten blauen Fäden verwoben, eine Hommage an die berühmteste Farbe des RS2 Avant: Nogaro Blue.

Ursprünglich planten Porsche und Audi, nur 2200 Exemplare des RS2 zu bauen. Am Ende liefen insgesamt 2891 Autos vom Band. Der seltene RS2 wurde zum Kultauto, gerade bei Amerikanern, für die ein schneller Kombi eine Art „verbotene Frucht“ war. Er etablierte den Gedanken, dass der Geist eines Sportwagens auch in einem Kombi wohnen kann. Eine Idee, die Audi mit dem RS4 und dem RS6 Avant weiterführte.

Die Tatsache, dass der erste Audi mit RS-Emblem als Kombi auf den Markt kam, war ein genialer Schachzug, der den Grundstein für einen Kultklassiker legte. Die Porsche-Technik in Verbindung mit der quattro-Technologie von Audi machte ihn zum ultimativen Allrounder für alle Bedingungen, insbesondere auf verschneiten Straßen.

„DAS PROJEKT WAR EINE PERFEKTE KOMBINATION AUS AUDIS QUATTRO-TECHNOLOGIE UND DEM KNOW-HOW VON PORSCHE."

AUDI RS2 AVANT

Hersteller: Audi
Designer: J Mays
Produktionsjahre: 1992–1995
Motor: 2226 cm³ DOHC-Reihen-5-Zylinder mit Turbolader
Getriebe: 6-Gang-Schaltgetriebe
Maximale Leistung: 315 PS
Maximales Drehmoment: 410 Nm
Gewicht: 1600 kg
Leistung / Gewicht: 197 PS / t
0–100 km / h: 4,8 Sek.
Höchstgeschwindigkeit: 262 km / h
Neupreis: 98 900 DM

AUDI

Die Fusion von vier bedeutenden Unternehmen begründete eine Allrad-Motorsport-Dynastie: auf Schotter, Kies und dem Asphalt von Le Mans.

Die vier Ringe von Audi gehören zu den bekanntesten Logos der Welt. Sie sind eine Hommage an die vier Unternehmen, die 1932 fusionierten – ein Konglomerat unterschiedlichster Marken, das vom knatternden Zweitakter bis zur geschmeidigen Zwölfzylinder-Limousine reichte. Letztlich entstand daraus eine der erfolgreichsten Luxusmarken der Welt.

Den Anfang machte DKW, der damals größte Motorradhersteller, dessen Motorräder als „Das kleine Wunder" bekannt waren. Als DKW in den Automobilbau einstieg, übernahm man die Zweitaktmotoren für kleine und günstige Fahrzeuge – und wurde schnell zur zweitmeistverkauften Automarke Deutschlands. Ähnlich begann auch Wanderer. 1885 für den Bau von Fahrrädern und Motorrädern gegründet, startete man 1911 mit vier- und sechszylindrigen Automobilen, die sich an die obere Mittelschicht richteten.

Doch der größte Einfluss innerhalb des Zusammenschlusses – sowohl ideell als auch mengenmäßig – ging von Horch aus, gegründet vom legendären August Horch. Seine Autos waren unvergesslich: Einige der größten und luxuriösesten Cabriolets der Zwischenkriegszeit kamen aus Zwickau in Sachsen, darunter das großartige Horch 853 Sport-Cabriolet mit aufwendig gefertigten Karosserien und eleganten Linien, die seine enormen Abmessungen noch betonten. Mit Unterstützung von Paul Daimler, Sohn des Automobilpioniers Gottlieb Daimler, brachte Horch 1923 den Achtzylindermotor zur Serienreife. Horch selbst war ein detailversessener Tüftler, der mit Getrieben und Gehäusen aus Aluminium experimentierte, um die Autos leichter zu machen, und an raffinierten Motorkonzepten arbeitete. Aufgrund von Konflikten mit dem Vorstand wurde August jedoch 1909 aus seiner eigenen Firma gedrängt. Als er versuchte, ein neues Unternehmen zu gründen, entschied ein Gericht,

Drei stromlinienförmige, von Paul Jaray entworfene Limousinen 1923 vor dem Brandenburger Tor, darunter der Audi 14/35 PS Typ K (Zweiter von vorn).

dass er keine Rechte an seinem eigenen Namen hatte. Ein Geschäftspartner brachte ihn auf die Idee mit „Audi", den Imperativ des lateinischen Worts „audire", was „hören" bedeutet. Also „horch!"

Im Januar 1932 schlossen sich DKW, Wanderer, Horch und Audi zur Auto Union zusammen. Sie bildeten eine bunte Fahrzeugfamilie, die das gesamte Spektrum des damaligen Automobilbaus abdeckte – vom einfachen Zweitakter bis zur Zwölfzylinder-Luxuslimousine. Um die neue Marke bekannt zu machen, enwickelte Auto Union die fortschrittlichsten Rennwagen, die die Welt je gesehen hatte. Mit großzügiger Finanzierung durch das NS-Regime kämpften die Silberpfeile bei den Grands-Prix-Rennen in Europa – mit 25 Siegen zwischen 1934 und 1939. Die besten Fahrer ihrer Zeit aus Italien, Deutschland und der Schweiz erzielten mit den Auto-Union-Rennwagen beachtliche

Das erste Audi Coupé der Nachkriegszeit, der Audi 100 Coupé S, wurde 1970 als Teil einer erfolgreichen Modellreihe vorgestellt.

Das Audi Sport Team Joest gewann 2013 mit dem Audi R18 e-tron quattro Hybrid das 6-Stunden-Rennen von Silverstone – ein weiterer Sieg für das dominante Audi-Team des 21. Jahrhunderts

Der Audi 100 Coupé war die Basis für den richtungsweisenden Quattro – das erste Modell mit einem revolutionären Allradantriebssystem, das Rallyes gewann und die Marke neu definierte.

„ES WAR DIE EINFÜHRUNG DES QUATTRO, DIE FÜR AUDI ENDGÜLTIG DEN DURCHBRUCH BEDEUTETE."

Erfolge: Tazio Nuvolari und Achille Varzi, ehemalige Rivalen, die von den Deutschen umworben wurden; Bernd Rosemeyer, der 1936 drei Grand Prix gewann und auf dem Weg war, Fahrer-Weltmeister zu werden; und Hans Stuck, der wegen seiner drei Bergmeistertitel als „König der Berge" bekannt war.

Talent war für diese enorm leistungsstarken Maschinen auch notwendig. Selbst mit Ferdinand Porsches technischer Unterstützung waren sie kaum zu beherrschen, vor allem wegen ihres Hangs zum Übersteuern. Die hinter dem Fahrer montierten Zwölfzylinder-Kompressormotoren leisteten bis zu 550 PS, und das extreme Leistungsgewicht hatte zur Folge, dass die Räder durchdrehen konnten, wenn man bei 160 km/h Gas gab. Neben den Grand-Prix-Erfolgen wurde der Rennwagen auch für Geschwindigkeitsrekorde umgebaut. 1937, am selben Tag, an dem der Erzrivale Mercedes-Benz mit 432,7 km/h einen neuen Rekord aufstellte, der 80 Jahre lang Bestand haben sollte, stieg Bernd Rosemeyer in einen Auto Union Typ R (Rekordwagen). Bei 418 km/h traf ihn eine Windböe und trieb ihn von der Strecke. Er war auf der Stelle tot.

Nach dem Krieg verlagerte sich das Unternehmen – inzwischen unter dem Namen Audi – nach Bayern, um der sowjetischen Besetzung Zwickaus zu entgehen. In der DDR wurden die ehemaligen Audi-Werke für den Bau einer anderen Automobil-Ikone genutzt: des Trabant – mit Zweitaktmotoren, die DKW vor dem Krieg entwickelt hatte.

In Ingolstadt konzentrierte man sich ganz auf die Zukunft. Audi arbeitete eng mit Volkswagen zusammen, um auf dem Erfolg des Käfers aufzubauen und größere, anspruchsvollere Autos zu entwickeln. 1969 fusionierte Audi mit NSU – ein Meilenstein. Die Marke erbte von NSU moderne, aerodynamische Designs, darunter den Ro 80 mit seinem komplexen Wankelmotor. Der Audi 100 von 1979 trat das NSU-Erbe in Sachen Hightech mit einem kantigen, sachlichen Design, das den Stil der 1980er Jahre vorwegnahm, an.

Doch es war die Einführung des Quattro, die für Audi endgültig den Durchbruch bedeutete. Es war das erste serienmäßig erfolgreiche Allradantriebssystem. Drei Differenziale verteilten das Drehmoment gleichmäßig auf beide Achsen. Das System arbeitete permanent, nahtlos und blitzschnell, konnte für maximale Traktion bis zu 90 Prozent der Kraft auf eine Achse leiten. Das Ergebnis war eine revolutionäre Fahrstabilität – besonders bei Eis, Schnee und widrigen Straßenbedingungen.

Audi präsentierte diese Technik eindrucksvoll in der Rallye-Weltmeisterschaft (WRC). Das Quattro-Coupé mit seinen kantigen, ausgestellten Kotflügeln und dem gelb-weißen Rallye-Design wurde zur Legende in der berüchtigten Gruppe B – einer fast unreglementierten Rennserie mit extrem leistungsstarken Fahrzeugen, oft mit riesigen Turboladern, die im Höllentempo über Schotter- und Dreckpisten rasten. Trotz Bedenken, dass Allradantriebssysteme zu komplex und schwer sein könnten, gewann der Quattro zehn Tage nach seiner Vorstellung und Homologation sein erstes Rennen. Er wurde zu einem der dominantesten Rallyeautos aller Zeiten.

Links: Das Interieur der Audi-90-Serie wurde mit eleganter deutscher Zurückhaltung gestaltet. *Rechts:* Michèle Mouton feierte ihre größten Rallye-Erfolge im Audi Quattro, einem Auto, in dem sie sich „wie im Flug" fühlte.

„Dieses Auto gab dir so viel Vertrauen, dass du dachtest, du könntest fliegen", sagte Michèle Mouton, eine Motorsportlegende, die große Erfolge mit dem Quattro feierte.

Die enge Verbindung zwischen Volkswagen, Porsche und Audi zahlte sich aus. Als Audi 1994 den RS2 Avant entwickelte, arbeiteten die Ingenieure mit Porsche zusammen, um den unscheinbaren Kombi mit einem würdigen Motor auszustatten. Das Ergebnis war der bis dahin schnellste Serien-Audi, ein Vorreiter für die kommenden S- und RS-Modelle, die Quattro-Traktion mit Autobahnleistung verbanden. 1997, an der Schwelle zum neuen Jahrtausend, betrat Audi zum ersten Mal überhaupt die Bühne des Langstreckenrennsports. Im Gegensatz zu Mercedes-Benz oder anderen großen europäischen Marken hatte Audi zuvor nie an den 24 Stunden von Le Mans teilgenommen. Doch es gab keine bessere Bühne, um die eigene Ingenieurskunst zu beweisen. Audi dominierte mit dem R8 Le Mans Prototyp, gewann fünf Mal zwischen 2000 und 2006 und feierte gleich im ersten Jahr mit einem Dreifachsieg einen historischen Triumph. Der einzige Grund, weshalb Audi nicht durchgehend gewann, war, dass das Chassis 2003 auch von Bentley genutzt wurde – einem weiteren Mitglied der Volkswagen-Familie, das mit dem Speed 8 siegte. Mit den Ambitionen des Volkswagen-Konzerns im Rücken präsentierte Audi 2003 einen Supersportwagen, der die Marke endgültig zur Dreifachbedrohung machte. Mit Carbon-Karosserie, klaren Rundungen und später einem mittig eingebauten V10-Motor war es eine Rückkehr zu den Wurzeln: ein Fahrzeug, das den avantgardistischen Geist der Auto-Union-Boliden wieder aufgriff – aber mit dem Know-how eines ganzen Jahrhunderts im Gepäck.

„AUDI ARBEITETE ENG MIT VOLKSWAGEN ZUSAMMEN, UM AUF DEM ERFOLG DES KÄFERS AUFZUBAUEN UND GRÖSSERE, ANSPRUCHSVOLLERE AUTOS ZU ENTWICKELN."

In den 1970er Jahren profitierte Audi von den umfangreichen Mitteln von Volkswagen und vom technischen Know-how von NSU, das 1969 eingegliedert wurde.

Den vollelektrischen E5 Sportback der neuen Schwestermarke AUDI (in Großbuchstaben) wird es nur in China geben.

AUDI R8

Der Supersportwagen R8 von Audi dominierte in Le Mans und trieb Volkswagen an die Spitze des Rennsports.

Sportfans sprechen von Dynastien, wenn ein Team mehrere Rennsaisons in Folge unangefochten an der Spitze steht. Auch das 24-Stunden-Rennen von Le Mans, das prestigeträchtigste Langstreckenrennen der Welt, hat seine Dynastien – und zu Beginn des neuen Jahrtausends hieß diese Dynastie Audi. Von 2000 bis 2006 gewann das Unternehmen fünf Mal mit dem R8 Le-Mans-Prototyp. Der erste Erfolg war ein Dreifachsieg, der an die größten Überraschungen im Langstreckensport erinnerte, als Ford mit dem GT40 fast vier Jahrzehnte zuvor dasselbe gelungen war. Als die Dominanz 2005 zu schwinden begann, erkämpfte Audi dennoch einen hart umkämpften Sieg, bei dem Tom Kristensen seinen sechsten Triumph in Folge feierte. Um diesen beispiellosen Erfolg zu würdigen, war es nur folgerichtig, der Welt einen Supersportwagen mit dem gleichen Namen vorzustellen. Und so debütierte 2003 in Genf der Audi Le Mans quattro, um die damals noch junge Siegesserie zu feiern.

Der Supersportwagen betonte seine Mittelmotorbauweise mit einem aggressiv nach vorne geneigten Design, dessen abgerundete Front und Dachlinie ein ausgewogenes Verhältnis von Praktikabilität und Exotik darstellten. In einer Zeit, in der sich das Autodesign von weichen Verbundkurven wegentwickelte, wirkten die scharfen Kanten an der Motorhaube und den hinteren Kotflügeln des Le Mans quattro selbstbewusst. Sie überbrückten die oft schwierige visuelle Lücke zwischen der fließenden Fastback-Form und dem benötigten Raum für den Motor. Ein kontrastierendes Carbonfaser-„Blade“ durchbrach die seitliche Optik und milderte den Eindruck eines flach liegenden Keils, da eine gewisse vertikale Höhe für den Alltagsgebrauch unabdingbar war.

Das Konzept des Le Mans quattro ließ sich drei Jahre später so problemlos in die R8-Produktion übernehmen, dass man schon zum Maßband greifen musste, um die Unterschiede festzustellen. Dank der uneingeschränkten Unterstützung der Volkswagen Group hatte Audi bei der Entwicklung relativ freie Hand. Volkswagen besaß bereits eine Reihe von Luxusmarken wie Bentley – ein Bentley unterbrach 2003 die Siegesserie von Audi in Le Mans – und Lamborghini, wo ein eigener neuer Supersportwagen vorbereitet wurde. Natürlich passten die beiden Projekte perfekt zusammen: Vom Lamborghini Gallardo übernahm der R8 den V10-Motor, den Kohlefaser-Spaceframe und den Allradantrieb.

Es wäre jedoch eine unzulässige Vereinfachung, den R8 als umgestylten Lamborghini zu bezeichnen. Sie haben nicht nur ein jeweils unverwechselbares Design und eine eigene Philosophie, sondern Audi verdient auch Anerkennung dafür, die natürliche Ordnung des Automobildesigns nachhaltig revolutioniert zu haben. Der Le Mans quattro und schließlich auch der R8 haben beide einen tief gezogenen Kühlergrill, der sich von der Motorhaube bis zum Frontspoiler erstreckt und nicht durch einen horizontalen Stoßfänger geteilt wird. Bei einem tief liegenden Supersportwagen wirkte das nicht sonderlich ausgefallen. Aber als Audi 2004 einen einteiligen, verchromten Kühlergrill in seine A6-Limousine integrierte, war das durchaus ein Statement. Zwei Jahrzehnte später sind wir an Autos mit riesigen, grimmig dreinblickenden Kühlergrills gewöhnt, die alle mehr oder weniger aggressiv wirken. Aber jemand musste den Anfang machen. Oft sind es Supersportwagen, die den ersten Schritt in die Zukunft wagen.

IN R 806

Zunächst als Le-Mans-Prototyp beim berühmten 24-Stunden-Rennen äußerst erfolgreich, ging der R8 2006 stark verändert in Serie. Als GT3 und GT4 nahm auch der Serien-R8 an Langstreckenrennen teil und war u.a. in Daytona und auf dem Nürburgring erfolgreich.

AUDI R8

Hersteller: Audi
Designer: Walter de Silva / Frank Lamberty
Produktionsjahre: 2006–2015
Motor: 4163 ccm DOHC-V8 / 5.204 ccm DOHC-10 (Option seit 2009)
Getriebe: 6-Gang-Schaltgetriebe / 6-Gang-Automatikgetriebe mit Einzelkupplung / 7-Gang-Doppelkupplungsgetriebe
Maximale Leistung: 430 PS (R8 V8) / 550 PS (R8 V10)
Maximales Drehmoment: 430 Nm (R8 V8) / 530 Nm (R8 V10)
Gewicht: 1565 kg (R8 V8) / 1.625 kg (R8 V10)
Leistung / Gewicht: 275 PS / t (R8 V8) / 338 PS / t (R8 V10)
0–100 km / h: 4,3 Sek. (R8 V8) / 3,6 Sek. (R8 V10)
Höchstgeschwindigkeit: 301 km / h (R8 V8) / 316 km / h (R8 V10)
Neupreis: 107 400 €

Ursprünglich mit einem komplett aus Aluminium gefertigten V8 erhältlich, erhielt der R8 später den V10-Motor, der auch im Lamborghini Gallardo eingesetzt wurde. Durch Abstimmungsunterschiede und gezielte Vermarktung konnte der Volkswagen-Konzern seine exotischsten Marken dennoch klar voneinander abgrenzen.

„AUDI VERDIENT ANERKENNUNG DAFÜR, DIE NATÜRLICHE ORDNUNG DES AUTOMOBILDESIGNS NACHHALTIG REVOLUTIONIERT ZU HABEN."

MAYBACH

VISION MERCEDES-MAYBACH 6 CABRIOLET

Diese Ode an die automobile Haute Couture vereint die Opulenz der Vergangenheit mit der Kraft der Zukunft.

Maybach, das Luxussegment der Mercedes-Benz Group, schickte sich schon vor rund 100 Jahren an, die Gesetze der Schwerkraft und der Physik zu überwinden. Maybach-Motoren beförderten zunächst Luftschiffe über den Atlantik und stellten in Diesellokomotiven, die als „fliegende Züge“ bekannt waren, Geschwindigkeitsrekorde auf. Die von einem V12-Motor angetriebene Flaggschiff-Limousine von Maybach, sehr treffend „Zeppelin“ genannt, gehörte in den 1920er Jahren zu den leistungsstärksten Fahrzeugen überhaupt und war mit drei Tonnen so schwer, dass man angeblich eine Schwerlastlizenz benötigte, um sie zu bewegen. Der Vision Mercedes-Maybach 6 ist eine Hommage an diese Zeit des Art déco, als luxuriöse, von der Luftfahrt inspirierte Coupés mühelose Kraft entfalteten und aerodynamische Experimente zu stromlinienförmigen Automobilen führten.

Mercedes-Maybach stellte das Vision 6 Concept erstmals 2016 beim Pebble Beach Concours an der Küste Kaliforniens vor. Mit seiner Länge von fast sechs Metern und Rädern im selben Blutrot wie die Karosserie wirkte das Coupé wie eine Konzeptskizze, die ohne Abstriche in die Realität umgesetzt worden war. Das Fastback-Dach erinnerte an die Form des ikonischen 300 SL Flügeltürers. Dünne Chromleisten erstreckten sich vom Kühlergrill über die Seiten des Fahrzeugs und nötigten den Betrachter, die gesamte Länge zu erfassen – bis zum gerundeten, skulpturalen „Bootsheck“, dessen Proportionen sich je nach Blickwinkel zu verändern schienen.

Ein Jahr später präsentierte Mercedes eine offene Version, diesmal in einem tiefen Blauton, der an den nahen Pazifik erinnerte. Das Interieur des Vision 6 Cabriolet rückte ins Zentrum der Aufmerksamkeit. Als sich das weiße Stoffverdeck mit eingewebten roségoldenen Fäden öffnete, präsentierte sich ein ebenfalls weißes, gestepptes Leder-Interieur, dessen Knöpfe von den chromgesäumten Rändern der Karosserie hinabflossen wie das Ende eines Infinity-Pools. Die geschwungenen, organischen Formen der Zwillingssitze bildeten eine durchgängige Einheit, verbunden durch eine schwebende Mittelkonsole – eine mit Glas ausgekleidete Röhre, in der faseroptische Lichter pulsierten, die an futuristische Interpretationen von Computer-Schaltkreisen der früher 2000er Jahre erinnerten. Umgeben von feinstem Nappaleder, offenporigem Holz und Aluminiumelementen, umspannte ein digitales Display das gesamte Cockpit und projizierte Grafiken des Fahrtziels vor einem stetigen Wasserfall beruhigender Lichtakzente.

Mit 740 PS ist kein Ziel unerreichbar. Der Vision 6 wurde von vier Elektromotoren angetrieben – für jedes Rad einen –, wodurch unter der endlos langen Motorhaube (deren zweiteilige Türen in der Mitte angeschlagen waren) reichlich Platz für maßgefertigtes Gepäck, Picknick-Sets und andere Reiseaccessoires blieb.

Wenn Größe ein Symbol für Wohlstand ist, verdient Maybach seinen Platz unter den Pyramiden der Automobilwelt. Das Vision 6 Cabriolet verkörpert die klassischen Proportionen eines eleganten Sportwagens, während die Elektrifizierung zusätzlichen Raum für das Wesentliche schafft – vor allem für die greifbaren, schönen Dinge des Lebens.

Mit diesem hedonistischen Konzept knüpfte Mercedes-Benz an die ultraluxuriösen Cabriolets der Zwischenkriegszeit an. Der Innenraum verfügt über einen durchsichtigen Mitteltunnel und ein umlaufendes Display mit Linien, die an Glasfaser erinnern und auf den vollelektrischen Antrieb verweisen. Mercedes-Benz beschreibt das digitale Display mit mechanischen Zeigern als „hyperanalog".

„OHNE DAS FASTBACK-DACH RÜCKTE DAS INTERIEUR DES VISION 6 CABRIOLET INS ZENTRUM DER AUFMERKSAMKEIT."

VISION MERCEDES-MAYBACH 6 CABRIOLET

Hersteller: Mercedes-Maybach
Designer: Gorden Wagener
Produktionsjahr: 2017
Motor: 4 Elektromotoren
Getriebe: unbekannt
Maximale Leistung: 750 PS
Maximales Drehmoment: unbekannt
Gewicht: unbekannt
Leistung / Gewicht: unbekannt
0–100 km / h: unter 4 Sek.
Höchstgeschwindigkeit: 250 km / h (abgeregelt)
Neupreis: unbekannt

ZG·95915

PORSCHE TAYCAN

Porsches mit Spannung erwartetes Elektroauto gewann aus dem Stand in Le Mans – drei Mal hintereinander.

Porsche sorgte 1999 für Kontroversen, als das Unternehmen Pläne für seinen ersten SUV, den Cayenne, ankündigte. Automobil-Experten und -Enthusiasten reagierten damals, als hätte sie der Geist von Ferdinand Porsche persönlich geohrfeigt. Doch zumindest wurde der Cayenne noch von einem Benzinmotor angetrieben. Wie würde die Automobilwelt erst reagieren, wenn Porsche irgendwann sein erstes vollelektrisches Fahrzeug bauen würde?

Wesentlich höflicher. Als Porsche 2019 den Taycan vorstellte, hatten die Ingenieure bereits ein Jahrzehnt lang mit der Elektrifizierung experimentiert – beginnend mit den Hybridversionen des Cayenne und Panamera. Diese galten als die sparsamsten Porsches, die je gebaut wurden, doch Porsche erkannte das Hochleistungspotenzial der Technik drei Jahre später mit dem 918 Spyder. Er war das schnellste und fortschrittlichste Modell seit dem Carrera GT. Der 918 Spyder erwies sich als technologisches Meisterwerk an der Spitze einer neuen Ära, in der elektrisch unterstützte Hypercars die 1000-PS-Marke knackten.

Die limitierte Produktion des 918 Spyder endete 2015 nach nur 918 Exemplaren. Im selben Jahr kündigte Porsche an, eine vollelektrische Hochleistungslimousine zu entwickeln. Auf der Frankfurter Automesse im September präsentierte das Unternehmen mit dem Konzeptfahrzeug Mission E den ersten Prototyp.

Chefdesigner Michael Mauer, der zuvor 918 Spyder entworfen hatte, überwachte auch die Gestaltung des Mission E. Er ließ sich von der Porsche-Tradition inspirieren. In vielerlei Hinsicht erinnert der Mission E an einen gestreckten 911er: von der coupéartigen Heckscheibe, die er mit der neuesten 911-Generation teilt, bis hin zu den breiten hinteren Kotflügeln, die aus einer taillierten Mittelpartie herausragen und durch eine schmale Leuchtleiste am Heck verbunden sind. Nur an der Front präsentierte der Mission E ein eigenes Gesicht: stark betonte Scheinwerferbögen, die sich von den Kanten nach oben wölben und tränenförmig über die Kotflügel strecken.

Vier Jahre später fanden diese Designelemente ihren Weg in den Taycan. Es war genug Zeit, um alles richtig zu machen. In diesen vier Jahren entwickelte Porsche seine Elektrifizierungstechnologie weiter – insbesondere mit dem 919 Hybrid-Prototypen, der dreimal in Folge das 24-Stunden-Rennen von Le Mans gewann und somit Porsches Vorsprung als Team mit den meisten Le-Mans-Siegen weiter ausbaute.

Was steckt hinter dem Namen? „Taycan" stammt aus dem Türkischen und bedeutet so viel wie „junges Pferd" – passend zum Wappen der Stadt Stuttgart und dem Porsche-Logo. Zudem fügt sich der Name Taycan nahtlos in die aktuelle Namensstrategie ein, neben Cayman und Macan. Doch im Porsche-Speak ist das Wort „Turbo" heilig: Selbst wenn gar kein Turbolader vorhanden ist, steht es für die schnellsten und leistungsstärksten Modelle.

In diesem Sinne mag der Taycan Turbo GT auf den ersten Blick wie eine Mogelpackung wirken. Doch mit seinen zwei Elektromotoren und einer Gesamtleistung von 1019 PS gehört er zur neuen Generation der Super-EVs. Der Taycan beweist, dass das Erbe von Porsche fortbesteht, vor allem durch seine Siegesserie in Le Mans, denn Elektrifizierung in jeder Form ist heute die Norm für „Halo"-Cars. Und natürlich bleibt auch die ikonische Porsche-DNA unverkennbar.

Das runde Porsche-Design in eine neue Limousine des 21. Jahrhunderts zu überführen, war eine Herausforderung. Doch das durchgehende Leuchtenband am Heck und die breiten Kotflügel geben dem Taycan eine vertraute 911-Ästhetik. Die vollständig digitale Instrumententafel aus Touchscreens wird durch ein separates Display im Stil des klassischen Fünf-Rundinstrumente-Layouts ergänzt.

„ELEKTRIFIZIERUNG IN JEDER FORM IST HEUTE DIE NORM FÜR ‚HALO'-CARS. UND NATÜRLICH BLEIBT AUCH DIE IKONISCHE PORSCHE-DNA UNVERKENNBAR."

PORSCHE TAYCAN

Hersteller: Porsche
Designer: Michael Mauer / Emiel Burki / Mitja Borkert
Produktionsjahre: 2019–heute
Motor: 2 Drehstrom-Synchronelektromotoren
Getriebe: 1-Gang-Direktantrieb / 2-Gang-Automatik
Maximale Leistung: 408 PS (Basismodell) / 761 PS (Taycan Turbo S)
Maximales Drehmoment: 345 Nm (Basismodell) / 1050 Nm (Taycan Turbo S)
Gewicht: 2305 kg
Leistung / Gewicht: 330 PS / t (Taycan Turbo S)
0–100 km / h: 2,6 Sek. (Taycan Turbo S)
Höchstgeschwindigkeit: 260 km / h (Taycan Turbo S)
Neupreis: 101 500 € (Basismodell)

INHALTSVERZEICHNIS
S. 2–3
Fotografie:
Roman Rätzke (S. 2)
roman-raetzke.de
Nathan Duff (S. 3 unten)
retromotive.co
René Staud Photography (S. 3 oben)
renestaud.com

VORWORT
S. 4–7
Fotografie:
Stephan Bauer (S. 4)
stephanbauerphoto.com
Mark Fagelson (S. 5)
markfagelson.co.uk
Nathan Duff (S. 6)
retromotive.co
Rémi Dargegen (S. 7)
remidargegen.com

1920er–1940er
S. 8–13
Fotografie:
Mark Fagelson (S. 8–9)
markfagelson.co.uk
Heritage Images/Getty Images (S. 10 links)
World Book Inc./mauritius images (S. 10 rechts)
Archive Photos/Getty Images (S. 11)
Imagno/Austrian Archives/Getty Images (S. 12)
Otto Dix, Großstadt, © VG Bild-Kunst, Bonn 2025
TopFoto/mauritius images (S. 13 oben)
National Motor Museum/Heritage Images/
Getty Images (S. 13 unten)

1950er
S. 62–67
Fotografie:
Ted7 (S. 62–63)
ted7.com
Siegfried Pilz/United Archives/
Getty Images (S. 64, 66)
Archive Photos/Getty Images (S. 65)
Picture Post/Getty Images (S. 67 links)
Bettmann Archive/
Getty Images (S. 67 rechts)

1960er
S. 114–119
Fotografie:
René Staud Photography (S. 114–115)
renestaud.com
K & K Ulf Kruger OHG/Redferns/
Getty Images (S. 116)
Karl Heinz Vogelmann/Kindermann/
United Archives/Getty Images (S. 117)
The Enthusiast Network/Getty Images (S. 118)
Gamma-Keystone/Getty Images (S. 119 links)
GraphicaArtis/Getty Images (S. 119 oben rechts)
SSPL/Science Museum/
Getty Images (S. 119 unten rechts)

1970er
S. 177–181
Fotografie:
Ted7 (S. 177–178)
ted7.com
Bernard Cahier/Getty Images (S. 178 links)
Pictorial Press/Alamy Stock Photos/
mauritius images (S. 178 rechts)
Mit freundlicher Genehmigung des
Unternehmensarchiv der AUDI AG (S. 179)
The Enthusiast Network/Getty Images (S. 180)
Hulton Archive/Getty Images (S. 181 links)
Patti McConville/Alamy Stock Photos/
mauritius images (S. 181 rechts)

1980er
S. 232–237
Fotografie:
Roman Rätzke (S. 232–233)
roman-raetzke.de
United Archives/kpa/Getty Images (S. 234 links)
Hulton Archive/Getty Images (S. 234 rechts)
United Archives/Helmut Reiss/Getty Images (S. 235)
DPI/NurPhoto/Getty Images (S. 236)
Georges DeKeerle/Getty Images (S. 237 oben links)
SSPL/Science Museum/Getty Images (S. 237 unten links)
Patrick PIEL/GAMMA-RAPHO/Getty Images (S. 237 rechts)

1990er–2000er
S. 258–263
Fotografie:
Mark Fagelson (S. 258–259)
markfagelson.co.uk
United Archives/kpa/Getty Images (S. 260 links, rechts)
Getty Images (S. 261)
Richard Baker/In Pictures/Getty Images (S. 262)
imageBROKER/mauritius images (S. 263 links)
Corbis/VCG/Getty Images (S. 263 rechts)

MYTHOS SILBERPFEILE
S. 30–31
Fotografie:
SSPL/NMeM/Zoltan Glass/Getty Images (S. 30)
Hulton Archive/Getty Images (S. 31)

VOLKSWAGEN
S. 50–55
Fotografie:
Universal Images Group Editorial/Getty Images (S. 50 links)
Gamma-Keystone/Getty Images (S. 50 rechts)
Roman Rätzke (S. 51)
roman-raetzke.de
Pictorial Press/Alamy Stock Photos/
mauritius images (S. 52)
Erich Andres/United Archives/
Getty Images (S. 53 oben links)
Hulton Archive/Getty Images (S. 53 oben rechts)
Christian Rose/Roger-Viollet/Getty Images (S. 53 unten)
Kuttig – Archival/Alamy Stock Photos/
mauritius images (S. 54)
Future Publishing/Getty Images (S. 55)

ZEITALTER DER KLEINSTWAGEN
S. 76–77
Fotografie:
National Motor Museum/Heritage Images/
Getty Images (S. 76 links)
Ditch Green/Alamy Stock Photos/
mauritius images (S. 76 rechts)
Pictorial Press/Alamy Stock Photos/
mauritius images (S. 77)

PORSCHE
S. 96–101
Fotografie:
Bettmann Archive/Getty Images (S. 96)
Andrea Klainguti (S. 97)
@andreaklainguti
Archive Photos/Getty Images (S. 98)
Gamma-Keystone/Getty Images (S. 99 oben links)
Hulton Archive/Getty Images (S. 99 oben rechts)
National Motor Museum/Heritage Images/
Getty Images (S. 99 unten, 101)
JimSchwabel/Alamy Stock Photos/
mauritius images (S. 100 links)
Moviepix/Getty Images (S. 100 rechts)

AUTOS AUS OSTDEUTSCHLAND
S. 132–133
Fotografie:
Hulton Archive/Getty Images (S. 132)
Patrick Piel/GAMMA-RAPHO/Getty Images (S. 133)

OPEL
S. 158–164
Fotografie:
Hulton Archive/Getty Images (S. 158 oben, 163)
Fine Art Images/Getty Images (S. 158 unten)
Impress Own/United Archives/Getty Images (S. 159)
Heinz Browers/United Archives/Getty Images (S. 160)
Hansmann/M-Verlag Berlin/United Archives/
Getty Images (S. 161 oben)
The Enthusiast Network/Getty Images (S. 161 unten)
Roger Viollet/Getty Images (S. 162 oben)
TV Times/Getty Images (S. 162 unten links)
Anze Furlan/shutterstock (S. 162 unten rechts)

DIE AUTOBAHN
S. 194–195
Fotografie:
Franz Perc/Alamy Stock Photos/
mauritius images (S. 194 oben)
United Archives/kpa/Getty Images (S. 194 unten links)
Lämmel/M-Verlag Berlin/United Archives/
Getty Images (S. 194 unten rechts)
Bettmann Archive/Getty Images (S. 195)

MERCEDES-BENZ
S. 208–213
Fotografie:
Roger Viollet/Getty Images (S. 208, 210)
Alejandro Arretureta (S. 209)
carphiles.net
Mirrorpix/Getty Images (S. 211 oben links)
Cornelius/M-Verlag Berlin/United Archives/
Getty Images (S. 211 oben rechts)
Tim Graham Photo Library/Getty Images (S. 211 unten)
JT Vintage/Glasshouse Images/
Universal Archives/Getty Images (S. 212 links)
Ron Pownall/Corbis Historical/
Getty Images (S. 212 rechts)
Getty Images (S. 213)

BMW
S. 244–249
Fotografie:
The Enthusiast Network/Source Interlink Media/
Getty Images (S. 244, 248 oben links)
Archive Photos/Getty Images (S. 245, 246)
Universal History Archive/Getty Images (S. 247 oben)
RacingOne/ISC Archives/CQ-Roll Call Group/
Getty Images (S. 247 unten links)
National Motor Museum/Heritage Images/
Getty Images (S. 247 unten rechts)
Keith Hamshere/Moviepix/
Getty Images (S. 248 oben rechts)
Mark Riccioni (S. 249)
markriccioni.co.uk

DER AUFSTIEG DER TUNER
S. 276–279
Fotografie:
Bongarts/Getty Images (S. 276)
Patrick Ernzen (S. 277)
desert-motors.com
Mike Mareen/shutterstock (S. 278 links)
fact/mauritius images (S. 278 rechts)
Mark Riccioni (S. 279)
markriccioni.co.uk

AUDI
S. 292–297
Fotografie:
Mit freundlicher Genehmigung des
Unternehmensarchiv der AUDI AG
(S. 292, 293, 295 unten rechts, 296, 297)
Darrell Ingham/Getty Images (S. 294)
National Motor Museum/Heritage Images/
Getty Images (S. 295 oben)
Toronto Star/Getty Images (S. 295 unten links)

THE GERMANS BEAUTIFUL MACHINES

DEUTSCHE AUTOMOBILKLASSIKER UND IHRE DESIGNGESCHICHTE

Konzeption, Redaktion und Design von gestalten.

Herausgegeben von François-Luc Giraldeau und Blake Z. Rong
Redaktionelle Unterstützung von Effie Efthymiadi

Texte von Blake Z. Rong

Technische Informationen von Sean Lorentzen

Lektorat: booklab GmbH, München

Editorial Management von Arndt Jasper

Design, Layout und Cover von Stefan Morgner

Titelbild von Rémi Dargegen/remidargegen.com
Umschlagbild von Andrea Klainguti/@andreaklainguti

Bildbearbeitung von Martin Bretschneider

Schriften: Panama von Roman Gornitsky, Poynter Oldstyle von Tobias Frere-Jones, Menco von Tobias Kvant

Druck: Finidr, Český Těšín
Hergestellt in Europa

Erschienen bei gestalten, Berlin 2025
ISBN 978-3-96704-180-4
1. Auflage, 2025

Die englische Ausgabe ist unter der ISBN 978-3-96704-143-9 erhältlich.

Weitere Informationen und Buchbestellungen unter www.gestalten.com

Die Gestalten Verlag GmbH & Co. KG
Mariannenstrasse 9–10
10999 Berlin, Germany
hello@gestalten.com

Bibliografische Information der Deutschen Nationalbibliothek. Die Deutsche Nationalbibliothek verzeichnet diese Publikation in der Deutschen Nationalbibliografie; detaillierte bibliografische Daten sind im Internet über www.dnb.de abrufbar.

Alle in dieser Publikation vorgestellten und porträtierten Unternehmen, Projekte und Individuen wurden auf Basis ästhetischer und inhaltlicher Kriterien ausgewählt und in keinem Fall aufgrund von Zahlungen oder kommerziellen Zuwendungen seitens der vertretenen Urheber.

Dieses Buch wurde auf FSC®-zertifiziertem Papier gedruckt.

FSC www.fsc.org MIX Papier | Fördert gute Waldnutzung FSC® C014138